普通高等教育"十三五"规划教材——化工环境系列

环境监测实验与实践

戴竹青　主　编

牛显春　赵　霞　梁存珍　副主编

中国石化出版社

内 容 提 要

本书依据国家相关部门最新的环保方面的标准和方法编写而成,涉及的实验项目包括了水、气、固等多种污染组分的监测,在监测手段上涵盖了气相色谱法、液相色谱法、原子吸收光谱法、紫外-可见分光光度法、荧光光度法、气质联用法以及液质联用法等现代仪器分析方法。在样品前处理上除涉及常规操作方法以外,还包括了超声萃取、固相萃取、微波消解、加速溶剂萃取、气体吹扫捕集等现代预处理方法,使学生能够掌握从常规环境监测技术到复杂环境样品中微量污染物的分析。

本书可作为环境监测、环境科学、环境工程等专业的本、专科生实验教材,也可作为同类专业研究生技能培训教材。还可作为环境监测工作人员的培训教材,以及相关领域工作人员的参考用书。

图书在版编目(CIP)数据

环境监测实验与实践 / 戴竹青主编 . —北京:中国石化出版社,2018.5
普通高等教育"十三五"规划教材 . 化工环境系列
ISBN 978-7-5114-4867-5

Ⅰ.①环… Ⅱ.①戴… Ⅲ.①环境监测-实验-高等学校-教材 Ⅳ.①X83-33

中国版本图书馆 CIP 数据核字(2018)第 102626 号

中国石化出版社出版发行

地址:北京市朝阳区吉市口路 9 号
邮编:100020 电话:(010)59964500
发行部电话:(010)59964526
http://www.sinopec-press.com
E-mail:press@sinopec.com
北京柏力行彩印有限公司印刷

*

787×1092 毫米 16 开本 12 印张 299 千字
2018 年 7 月第 1 版 2018 年 7 月第 1 次印刷
定价:35.00 元

前　言

伴随着经济的发展，环境污染日趋严重，环境污染物种类也日益繁多，世界上已知的化学品有 700 万种之多，而进入环境的化学品已达 10 万余种。目前，我国环境优先污染物黑名单中包括 14 种化学类别共 68 种有毒化学品。如何让学生扎实而灵活地掌握环境测试技术以满足社会发展的需要是当务之急。环境监测实验是高等院校环境工程专业的一门主要专业实践课。为了使学生能更好地理解和掌握《环境监测》课程的理论教学内容，学习和掌握环境监测的基本原理和实验技术手段，并将所学到的知识和实践能力运用于污染物的监测，培养学生实际的应用能力，满足高等院校实验教学的要求，本书联合了常州大学、广东石油化工学院、兰州理工大学和北京石油化工学院，在对现行实验教材进行优化的基础上，共同编写了《环境监测实验与实践》一书。

本书参考国家生态环境部和国家环境监测总站颁布的最新方法、标准，并在多年使用的自编讲义的基础上编写而成。全书共选择 46 个实验项目，重点介绍了水、气、土壤固体废弃物等各种形态污染物的监测分析方法。确保学生在掌握基础实验技能的前提下，注重综合能力的培养，以及创新实验能力的培养。本书还涉及了环境监测过程中各类常用的方法，内容包括从样品采集到复杂样品的前处理，以及现代分析仪器的使用。样品前处理除涉及常规操作方法以外，还包括现代预处理方法，如超声萃取、固相萃取、微波消解、加速溶剂萃取、气体吹扫捕集等；涵盖气相色谱法、液相色谱法、原子吸收光谱法、紫外-可见分光光度法、荧光光度法，气质联用法以及液质联用法等现代仪器分析方法，体现了环境监测的未来发展方向，使学生能够掌握从常规环境监测技术到复杂环境样品中微量污染物的分析。书中实验项目涉及水、气、固等多种污染组分的监测，力求将环境样品的多样性和实验方法的互补性相结合，并选择了环境监测中比较前沿的分析方法。本书还为读者提供了实验室要求与安全应急预案、大型实验仪器使用操作规程及注意事项等内容。

本书每个实验相对独立，教师可以根据情况自行选择必做或选做的环境监测实验内容。通过本书学习，能够使学生掌握从布点、采样、样品分析、数据处理整个环境监测过程，培养学生独立工作能力。

本书实验 1~4、实验 19~20、实验 46 由赵霞执笔；实验 5、实验 8~10、实验 28~30、实验 43 由牛显春执笔；实验 11~13、实验 40 由梁存珍执笔；其余部分由戴竹青执笔。全书的统稿和定稿工作由戴竹青完成。

由于编者的水平和经验有限，书中不足之处在所难免，恳请同行专家学者和广大读者提出宝贵意见。

本书在编写过程中借鉴了大量同行业书籍和相关国家标准，在此一并向作者表示感谢！

目　录

第一章 实验要求与实验室安全

一、学生实验守则

（1）进入实验室要遵守实验室各项规章制度，保持环境卫生，不要高声喧哗，不能吃食物、喝饮料，不能玩手机以及用手机上网。不能迟到、早退。

（2）实验前应认真预习并完成预习报告，熟悉相关内容，明确实验目的、内容及步骤，接受指导教师的提问和检查。未完成预习报告或无故迟到者，指导教师有权停止其实验。

（3）实验中要遵守所使用设备的操作规程，未经指导教师允许，不准搬弄或动用与本实验无关的仪器设备。要注意节约用水、用电和易耗品，爱护器材。

（4）进实验室后按规定分组进行实验，准备就绪后，必须经指导教师同意，方可进行正式实验，实验过程中如对设备有疑问，应及时向指导教师提出，不得自行拆卸。

（5）实验时要注意安全，严格遵守实验室安全制度。实验中如出现事故（包括人身、设备、水电等），应立即向指导教师报告，并停机检查原因，保护现场。

（6）做实验时必须严格要求，实事求是，严格遵守操作规程，服从教师指导，认真观察、记录实验现象，如实记录实验数据，实验结果（数据）必须现场提交指导教师审阅、通过。

（7）实验完毕，应整理清点好仪器、设备、工具、量具及附件，盖好仪器罩，切断水、电源，搞好清洁卫生，保持室内整洁，在指定地点处理污物和废液。经指导教师同意后，方可离开实验室。

（8）按规定时间和要求，认真分析、整理和处理实验结果，撰写实验报告，不得抄袭或臆造，按时提交实验报告。

（9）实验不合格者必须重做，但须向实验室预约，并安排在课外或自习时间进行。实验报告不合格者，必须重写。

（10）进行综合性、设计性实验的学生，在进入实验室前必须做好相关准备工作，认真阅读与实验相关的文献资料，理解实验原理，熟悉仪器性能；凡设计性实验，应预先拟订设计方案，经教师认可后，方可进行实验。

（11）创新性实验如需使用大型、精密仪器设备，必须先经过技术培训，经考核合格后方可上机操作，使用中要严格遵守操作规程，并按规定认真填写设备使用记录。

（12）对不遵守本守则的学生，指导教师和实验技术人员视情节给予批评教育，直至责令停止其实验。

二、实验室突发事故应急处置预案

1. 危险化学品泄漏应急处置

（1）关闭阀门、堵塞容器泄漏口，控制泄漏源。

（2）泄漏物的处置。对于少量的液体泄漏，可用沙土或其他不燃吸附剂吸附，收集于容器内，然后贴上有害废物标签进行处理。

（3）处理酸碱溅洒泄漏时，处置人员必须做好个人防护。

（4）易燃易爆物溅洒泄漏，应首先断开溅洒泄漏处的检测仪器开关；无法控制时，应立即组织疏散，并拨打报警电话。

2. 实验室爆炸应急处置

（1）实验室爆炸发生时，实验室负责人或安全员在其认为安全的情况下必须及时切断电源和管道阀门。

（2）所有人员应听从临时召集人的安排，有组织地通过安全出口或用其他方法迅速撤离爆炸现场。

（3）应急预案领导小组负责安排抢救工作和人员安置工作。

3. 实验室火灾应急处置

（1）发现火情，现场工作人员立即采取措施处理，迅速移走一切可燃物，切断电源，关闭通风设施，防止火势蔓延并迅速报告。

（2）确定火灾发生的位置，判断出火灾发生的原因，如压缩气体、液化气体、易燃液体、易燃物品、自燃物品等。

（3）明确火灾周围环境，判断出是否有重大危险源分布及是否会带来次生灾难发生。

（4）明确救灾的基本方法，并采取相应措施，按照应急处置程序采用适当的消防器材进行扑救；易燃可燃液体、易燃气体和油脂类等化学药品火灾，使用大剂量泡沫灭火剂、干粉灭火剂将液体火灾扑灭。带电电气设备火灾，应切断电源后再灭火，因现场情况及其他原因，不能断电，需要带电灭火时，应使用沙子或干粉灭火器，不能使用泡沫灭火器或水。可燃金属，如镁、钠、钾及其合金等火灾，应用特殊的灭火剂，如干砂或干粉灭火器等来灭火。

（5）依据可能发生的危险化学品事故类别、危害程度级别，划定危险区，对事故现场周边区域进行隔离和疏导。

（6）视火情拨打"119"报警求救，并到明显位置引导消防车。

4. 实验室中毒应急处置

实验中若感觉咽喉灼痛、嘴唇脱色或发绀，胃部痉挛或恶心呕吐等症状时，则可能是中毒所致。视中毒原因施以下述急救后，立即送医院治疗，不得延误。

（1）首先将中毒者转移到安全地带，解开领扣，使其呼吸通畅，让中毒者呼吸到新鲜空气。

（2）误服毒物中毒者，须立即引吐、洗胃及导泻，患者清醒而又合作，宜饮大量清水引吐，亦可用药物引吐。对引吐效果不好或昏迷者，应立即送医院用胃管洗胃。

（3）重金属盐中毒者，喝一杯含有几克 $MgSO_4$ 的水溶液，立即就医。不要服催吐药，以免引起危险或使病情复杂化。砷和汞化物中毒者，必须紧急就医。

（4）吸入刺激性气体中毒者，应立即将患者转移离开中毒现场，给予 2%~5% 碳酸氢钠溶液雾化吸入、吸氧。气管痉挛者应酌情给解痉挛药物雾化吸入。应急人员一般应配置过滤式防毒面罩、防毒服装、防毒手套、防毒靴等。

（5）有毒物质落在皮肤上，要立即用棉花或纱布擦掉，除白磷烧伤外，其余的均可以用大量水冲洗。

5. 实验室触电应急处置

（1）使触电者迅速脱离电源，越快越好，触电者未脱离电源前，救护人员不准用手直接触及伤员。

（2）使伤者脱离电源方法：①切断电源开关；②若电源开关较远，可用干燥的木橇、竹竿等挑开触电者身上的电线或带电设备；③可用几层干燥的衣服将手包住，或者站在干燥的木板上，拉触电者的衣服，使其脱离电源。

（3）触电者脱离电源后，如神志不清，应就地仰面躺平，且确保气道通畅，并以 5s 时间为间隔呼叫伤员或轻拍其肩膀，以判定伤员是否意识丧失，必要时实施心肺复苏急救。

（4）抢救的伤员应立即就地坚持用人工心肺复苏法正确抢救，并设法联系校医务室接替救治。

6. 实验室化学灼伤应急处置

（1）强酸、强碱及其他一些化学物质，具有强烈的刺激性和腐蚀作用，发生这些化学灼伤时，应用大量流动清水冲洗，再分别用低浓度的（2% ~ 5%）弱碱（强酸引起的）、弱酸（强碱引起的）进行中和。处理后，再依据情况而定，作下一步处理。

（2）溅入眼内时，在现场立即就近用大量清水或生理盐水彻底冲洗。冲洗时时间应不少于 15min，切不可因疼痛而紧闭眼睛。处理后，再送医院治疗。

7. 实验室发生烫伤、割伤应急处置

（1）发生烫伤时，在烫伤处涂抹烫伤膏，切勿用水冲洗。

（2）轻微割伤可用药棉擦净伤口，贴上创可贴。割伤严重者，应立即扎止血带，送医院治疗。

8. 实验室钢瓶泄漏应急处置

（1）人员应迅速撤离泄漏污染区人员至上风或空旷通风处，并进行隔离，严格限制出入。

（2）切断火源。应急处理人员佩戴自给正压式呼吸器，穿一般作业工作服。

（3）避免与可燃物或易燃物接触。尽可能切断泄漏源。合理通风，加速扩散。

（4）漏气容器要妥善处理，修复检验后再用。

三、实验室安全知识

1. 玻璃器具使用注意事项

（1）玻璃器具在使用前要仔细检查，避免使用有裂痕的仪器。特别用于减压、加压或加热操作的场合，更要认真进行检查。

（2）烧杯、烧瓶及试管之类仪器，因其壁薄，机械强度很低，用于加热时，必须小心操作。

（3）吸滤瓶及洗瓶之类厚壁容器，往往因急剧加热而破裂。

（4）把玻璃管或温度计插入橡皮塞或软木塞时，常常会折断而使人受伤。为此，操作时可在玻璃管上沾些水或涂上碱液、甘油等作润滑剂。然后，左手拿着塞子，右手拿着玻璃管，边旋转边慢慢地把玻璃管插入塞子中。此时，右手拇指与左手拇指之间的距离不要超过 5cm。并且，最好用毛巾保护着手，这样较为安全。橡皮塞等钻孔时，打出的孔要比管径略小，然后用圆锉把孔锉一下，适当扩大孔径即可。

2. 高温装置使用注意事项

（1）注意防护高温对人体的辐射。使用高温装置时，常要预计到衣服有被烧着的可能。因而，要选用能简便脱除的服装。要使用干燥的手套。如果手套潮湿，导热性即增大。同时，手套中的水分汽化变成水蒸气而有烫伤手的危险。故最好用难以吸水的材料做手套。

（2）熟悉高温装置的使用方法，并细心地进行操作。需要长时间注视赤热物质或高温火焰时，要戴防护眼镜。使用视野清晰的绿色眼镜比用深色的好。

（3）使用高温装置的实验，要求在防火建筑内或配备有防火设施的室内进行，并保持室内通风良好。

（4）按照实验性质，配备最合适的灭火设备——如粉末、泡沫或二氧化碳灭火器等。

（5）高温实验禁止接触水。如果在高温物体中一旦混入水，水即急剧汽化，发生水蒸气爆炸。高温物质落入水中时，也同样产生大量爆炸性的水蒸气而四处飞溅。

3. 强酸性物质使用注意事项

此类物质包括：HNO_3（发烟硝酸、浓硝酸）、H_2SO_4（无水硫酸、发烟硫酸、浓硫酸）、HSO_3Cl（氯磺酸）、CrO_3（铬酐）等。

（1）强酸性物质若与有机物或还原性等物质混合，往往会发热而着火。注意不要用破裂的容器盛载。要把它保存于阴凉的地方。

（2）如果加热温度超过铬酐的熔点时，CrO_3即分解释放出 O_2 而着火。

（3）洒出此类物质时，要用碳酸氢钠或纯碱将其覆盖，然后用大量水冲洗。

（4）加热处理此类物质时，要戴橡皮手套。

（5）对由强酸性物质引起的火灾，可大量喷水进行灭火。

4. 气体钢瓶使用注意事项

气体钢瓶是储存压缩气体的特制的耐压钢瓶。使用时，通过减压阀（气压表）有控制地放出气体。由于钢瓶的内压很大（有的高达 15MPa），而且有些气体易燃或有毒，所以在使用钢瓶时要注意安全：

（1）钢瓶应存放在阴凉、干燥、远离热源（如阳光、暖气、炉火）处。可燃性气体钢瓶必须与氧气钢瓶分开存放。

（2）绝不可使油或其他易燃性有机物沾在气瓶上（特别是气门嘴和减压阀）。也不得用棉、麻等物堵漏，以防燃烧引起事故。

（3）使用钢瓶中的气体时，要用减压阀（气压表）。各种气体的气压表不得混用，以防爆炸。

（4）不可将钢瓶内的气体全部用完，一定要保留 0.05MPa 以上的残留压力（减压阀表压）。可燃性气体如 C_2H_2 应剩余 0.2~0.3MPa。

（5）为了避免各种气瓶混淆而用错气体，通常在气瓶外面涂以特定的颜色以便区别，并在瓶上写明瓶内气体的名称。

5. 易燃、具腐蚀性药品及毒品使用注意事项

（1）浓酸和浓碱等具有强腐蚀性的药品，不要洒在皮肤或衣物上。

（2）不允许在不了解化学药品性质时，将药品任意混合，以免发生意外事故。

（3）使用易燃、易爆化学品，例如氢气、强氧化剂（如氯酸钾）时，要首先了解它们的性质，使用中应注意安全。

（4）有机溶剂（如苯、丙酮、乙醚）易燃，使用时要远离火焰。

（5）制备有刺激性的、恶臭的、有毒的气体（如 H_2S、Cl_2、CO、SO_2 等），加热或蒸发盐酸、硝酸、硫酸时，应该在通风橱内进行。

（6）氰化物、砷盐、锑盐、可溶性汞盐、铬的化合物、镉的化合物等都有毒，不得进入

口内或接触伤口。

6. 实验室废弃物处理注意事项

（1）由于废液的组成不同，在处理过程中，往往伴随着产生有毒气体以及发热、爆炸等危险。因此，处理前必须充分了解废液的性质，然后分别加入少量所需添加的药品。同时，必须边注意观察边进行操作。

（2）含有络离子、螯合物之类物质的废液，只加入一种消除药品有时不能把它处理完全。因此，要采取适当的措施，注意防止一部分还未处理的有害物质直接排放出去。

（3）对于为了分解氰基而加入次氯酸钠，以致产生游离氯，以及由于用硫化物沉淀法处理废液而生成水溶性的硫化物等情况，其处理后的废水往往有害。因此，必须把它们加以再处理。

（4）沾附有有害物质的滤纸、包药纸、棉纸、废活性炭及塑料容器等东西，不要丢入垃圾箱内。要分类收集，加以焚烧或其他适当的处理，然后保管好残渣。

（5）处理废液时，为了节约处理所用的药品，可将废铬酸混合液用于分解有机物，以及将废酸、废碱互相中和。要积极考虑废液的利用。

（6）尽量利用无害或易于处理的代用品，代替铬酸混合液之类会排出有害废液的药品。

（7）对甲醇、乙醇、丙酮及苯之类用量较大的溶剂，原则上要把它回收利用，而将其残渣加以处理。

7. 实验室废弃物收集、贮存注意事项

（1）废液的浓度超过规定的浓度时，必须进行处理。但处理设施比较齐全时，往往把废液的处理浓度限制放宽。

（2）最好先将废液分别处理，如果是贮存后一并处理时，虽然其处理方法将有所不同，但原则上要将可以统一处理的各种化合物收集后进行处理。

（3）处理含有络离子、螯合物之类的废液时，如果有干扰成分存在，要把含有这些成分的废液另外收集。

（4）下面所列的废液不能互相混合：①过氧化物与有机物；②氰化物、硫化物、次氯酸盐与酸；③盐酸、氢氟酸等挥发性酸与不挥发性酸；④浓硫酸、磺酸、羟基酸、聚磷酸等酸类与其他的酸；⑤铵盐、挥发性胺与碱。

（5）要选择没有破损及不会被废液腐蚀的容器进行收集。将所收集的废液的成分及含量，贴上明显的标签，并置于安全的地点保存。特别是毒性大的废液，尤其要十分注意。

（6）对硫醇、胺等会发出臭味的废液和会产生氰、磷化氢等有毒气体的废液，以及易燃性大的二硫化碳、乙醚之类废液，要加以适当的处理，防止泄漏，并应尽快进行处理。

（7）含有过氧化物、硝化甘油之类爆炸性物质的废液，要谨慎地操作，并应尽快处理。

（8）含有放射性物质的废弃物，用另外的方法收集，并必须严格按照有关的规定，严防泄漏，谨慎地进行处理。

（9）土木工程实验过程中产生的废弃水泥试块、混凝土试块、砂子等禁止随意丢弃，应先在规定地点放置，废弃物达到一定数量时或固定时间段后，请人运送至城市建筑垃圾处理站。

（10）土木工程实验过程中有水泥或混凝土的实验器具在规定器具内清洗，禁止在下水槽清洗，以免堵塞下水道。

8. 关于触电一般应注意的事项

（1）不要接触或靠近电压高、电流大的带电或通电部位。对这些部位，要用绝缘物把它遮盖起来。并且，在其周围划定危险区域、设置栅栏等，以防进入危险区域。

（2）电气设备要全部安装地线。对电压高、电流大的设备，要使其接地电阻在几个欧姆以下。

（3）直接接触带电或通电部位时，要穿上绝缘胶靴及戴橡皮手套等防护用具。不过，通常除非妨碍操作，否则要切断电源，用验电工具或接地棒检查设备，证实确不带电后，才进行作业。对电容器之类装置，虽然切断了电源，有时还会存留静电荷，因而要加以注意。

（4）对使用高电压、大电流的实验，不要由一个人单独进行，至少要由2～3人以上进行操作。并要明确操作场合的安全信号系统。

（5）为了防止电气设备漏电，要经常清除沾在设备上的脏物或油污，设备的周围也要保持清洁。

（6）要经常整理实验室，以保证即使因触电跌倒了，也能确保人身安全。同时，在高空进行作业时，要佩戴安全带之类用具。

第二章　仪器使用操作规程及注意事项

一、气相色谱仪

1. 开机前准备

（1）根据实验要求，选择合适的色谱柱；

（2）气路连接应正确无误，并打开载气检漏；

（3）信号线接所对应的信号输入端口。

2. 开机步骤

（1）打开所需载气气源开关，稳压阀调至 0.3~0.5MPa，看柱前压力表有压力显示，方可开主机电源，调节气体流量至实验要求；

（2）在主机控制面板或工作站软件上设定检测器温度、汽化室温度、柱箱温度，载气流速等参数。被测物各组分沸点范围较宽时，还需设定程序升温速率，确认无误后保存参数，开始升温。

（3）打开氢气发生器或氢气气瓶、纯净空气泵或空气瓶的阀门或减压阀，氢气压力调至 0.3~0.4MPa，空气压力调至 0.3~0.5MPa，在主机气体流量控制面板或工作站上调节气体流量至实验要求；当检测器温度大于 100℃时，按"点火"按钮点火，并检查点火是否成功，点火成功后，待基线走稳，即可进样。

3. 关机步骤

关闭 FID 的氢气和空气气源，将柱温降至 50℃以下，关闭主机电源，关闭载气气源。关闭气源时应先关闭钢瓶总压力阀，待压力指针回零后，关闭稳压表开关，方可离开。

4. 注意事项

（1）气体钢瓶总压力表不得低于 2MPa；按照开载气，开仪器，开工作站软件的顺序开仪器，关工作站软件，关仪器主机，最后关载气的顺序关仪器。严禁无载气气压时打开电源。

（2）进样时应注意手不要拿注射器的针头和有样品部位，不要有气泡，吸样时要慢，快速排出再慢吸，反复几次。10μL 注射器金属针头部分体积 0.6μL，有气泡也看不到，多吸 1~2μL，把注射器针尖朝上气泡上走到顶部再推动针杆排除气泡，进样速度要快(但不宜特快)，每次进样保持相同速度，针尖到汽化室中部开始注射样品。

（3）拆卸安装色谱柱必须在常温下。毛细管色谱柱安装插入的长度要根据仪器的说明书而定，不同的色谱仪汽化室结构不同，所以插进的长度也不同。填充柱要检查两头是否用玻璃棉塞好。防止玻璃棉和填料被载气吹到检测器中。

（4）氢气和空气的比例对 FID 检测器的灵敏度有影响，可参照仪器说明书按照仪器推荐的比例进行设定。

（5）使用 TCD 检测器，氢气做载气时尾气一定要排到室外。没通载气时不能设定桥电流，桥电流要在仪器温度稳定后，开始做样前设定。氮气做载气桥电流不能设置过大，比用氢气时要小得多。

（6）判断 FID 检测器是否点着火。不同的仪器判断方法不同，有基流显示的看基流大小，没有基流显示的用带抛光面的扳手凑近检测器出口，观察其表面有无水汽凝结。

（7）判断进样口密封垫是否该换。进样时感觉特别容易，用 TCD 检测器不进样时记录仪上有规则小峰出现，说明密封垫漏气该更换。部分仪器密封垫泄漏，仪器会报警提示。

（8）更换密封垫时不要拧得太紧。一般更换时都是在常温，温度升高后会更紧，当密封垫拧得过紧时会造成进样困难，常常会把注射器针头弄弯。

（9）选择合适的密封垫。密封垫分为一般密封垫和耐高温密封垫，汽化室温度超过300℃时用耐高温密封垫，耐高温密封垫的一面有一层膜，使用时带膜的面朝下。

（10）防止进样针弯曲。做色谱分析工作的新手会出现把注射器的针头和注射器杆弄弯的现象，原因是进样口拧得过紧；室温下拧得过紧时，当汽化室温度升高硅胶密封垫膨胀后会更紧，这时注射器很难扎进去。在位置找不好或针扎在进样口金属部位时，造成注射器的针头弯曲。注射器杆弯的原因是进样时用力太猛。进样时一定要稳，急于求快容易把注射器弄弯，进样熟练后就可以做到快速进样。

（11）注射器清洗。注射器用一段时间就会发现针管内靠近顶部有一小段黑的东西，这时如果取样注射会感到吃力。清洗方法是将针杆拔出，注入一点水，将针杆插到有污染的位置反复推拉，一次不行再注入水直到将污染物弄掉，这时会发现注射器内的水变得浑浊，将针杆拔出用滤纸擦一下，再用酒精洗几次。分析的样品为溶剂溶解的固体样时，进样后要及时用溶剂清洗注射器。

二、液相色谱仪

1. 流动相制备

（1）流动相均需色谱纯。首先对流动相进行过滤，根据需要选择不同的滤膜，一般为有机系和水系，常用的孔径为 0.22μm 和 0.45μm。

（2）对抽滤后的流动相进行超声脱气 10～20min。

2. 开机步骤

（1）打开电源，打开泵、脱气机、柱箱、检测器、控制器、计算机、打印机开关。在计算机上双击工作站快捷键，进入工作站主画面。

（2）打开工作站窗口，配置检测器及检测通道和文件。设定检定器及泵、柱箱等参数。

（3）排气，用流动相冲洗 20～30min 后，仪器稳定后可进样。

3. 关机步骤

（1）样品测试结束后，就要进行色谱仪及色谱柱的清洗和维护。用检验方法规定的流动相冲洗系统，一般需 10 倍柱体积的流动相，检查各管路连接处是否漏液，如漏液应予以排除。如流动相为缓冲试剂，要用超纯水清洗 10～20min，方可用有机相进行保护，否则，有损色谱柱。

（2）依次关闭控制器、检测器、柱温箱、脱气机、泵、稳压电源。

4. 注意事项

（1）泵的使用

① 为了延长泵的使用寿命和维持其输液的稳定性，必须防止任何固体微粒进入泵体，因为尘埃或其他任何杂质微粒都会磨损柱塞、密封环、缸体和单向阀，因此应预先除去流动相中的任何固体微粒。流动相最好在玻璃容器内蒸馏，而常用的方法是过滤，可采用

Millipore 滤膜(0.22μm 或 0.45μm)等滤器。泵的入口都应连接砂滤棒(或片)。输液泵的滤器应经常清洗或更换。

② 流动相不应含有任何腐蚀性物质,含有缓冲液的流动相不应保留在泵内,尤其是在停泵过夜或更长时间的情况下。如果将含缓冲液的流动相留在泵内,由于蒸发或泄漏,甚至只是由于溶液的静置,就可能析出盐的微细晶体,这些晶体将和上述固体微粒一样损坏密封环和柱塞等。因此,必须泵入纯水将泵充分清洗后,再换成适合于色谱柱保存和有利于泵维护的溶剂(对于反相键合硅胶固定相,可以是甲醇或甲醇-水)。

③ 泵工作时要留心防止溶剂瓶内的流动相被用完,否则空泵运转也会磨损柱塞、缸体或密封环,最终产生漏液。

④ 输液泵的工作压力决不要超过规定的最高压力,否则会使高压密封环变形,产生漏液。流动相应该先脱气,以免在泵内产生气泡,影响流量的稳定性,如果有大量气泡,泵就无法正常工作。

⑤ 如果输液泵产生故障,须查明原因,采取相应措施排除故障。如果没有流动相流出,又无压力指示,原因可能是泵内有大量气体,这时可打开泄压阀,使泵在较大流量(如5mL/min)下运转,将气泡排尽,也可用一个 50mL 针筒在泵出口处帮助抽出气体。另一个可能原因是密封环磨损,需更换。

⑥ 压力和流量不稳。原因可能是气泡,需要排除;或者是单向阀内有异物,可卸下单向阀,浸入丙酮内超声清洗。有时可能是砂滤棒内有气泡,或被盐的微细晶粒或滋生的微生物部分堵塞,这时,可卸下砂滤棒浸入流动相内超声除气泡,或将砂滤棒浸入稀酸(如4mol/L 硝酸)内迅速除去微生物,或将盐溶解,再立即清洗。

⑦ 压力过高的原因是管路被堵塞,需要清除和清洗。压力降低的原因则可能是管路有泄漏。检查堵塞或泄漏时应逐段进行。

(2)梯度洗脱

① 要注意溶剂的互溶性,不相混溶的溶剂不能用作梯度洗脱的流动相。有些溶剂在一定比例内混溶,超出范围后就不互溶,使用时更要引起注意。当有机溶剂和缓冲液混合时,还可能析出盐的晶体,尤其使用磷酸盐时需特别小心。

② 梯度洗脱所用的溶剂纯度要求更高,以保证良好的重现性。进行样品分析前必须进行空白梯度洗脱,以辨认溶剂杂质峰,因为弱溶剂中的杂质富集在色谱柱头后会被强溶剂洗脱下来。用于梯度洗脱的溶剂需彻底脱气,以防止混合时产生气泡。

③ 混合溶剂的黏度常随组成而变化,因而在梯度洗脱时常出现压力的变化。例如甲醇和水黏度都较小,当二者以相近比例混合时黏度增大很多,此时的柱压大约是甲醇或水为流动相时的两倍。因此要注意防止梯度洗脱过程中压力超过输液泵或色谱柱能承受的最大压力。

④ 每次梯度洗脱之后必须对色谱柱进行再生处理,使其恢复到初始状态。需让 10~30 倍柱容积的初始流动相流经色谱柱,使固定相与初始流动相达到完全平衡。

(3)六通阀使用和维护

① 样品溶液进样前必须用 0.45μm 滤膜过滤,以减少微粒对进样阀的磨损。

② 转动阀芯时不能太慢,更不能停留在中间位置,否则流动相受阻,使泵内压力剧增,甚至超过泵的最大压力;再转到进样位时,过高的压力将使柱头损坏。

③ 为防止缓冲盐和样品残留在进样阀中,每次分析结束后应冲洗进样阀。通常可用水

冲洗，或先用能溶解样品的溶剂冲洗，再用水冲洗。

（4）柱的使用和维护

① 避免压力和温度的急剧变化及任何机械震动。温度的突然变化或者使色谱柱从高处掉下都会影响柱内的填充状况；柱压的突然升高或降低也会冲动柱内填料，因此在调节流速时应该缓慢进行，在阀进样时阀的转动不能过缓（如前所述）。

② 应逐渐改变溶剂的组成，特别是反相色谱中，不应直接从有机溶剂改变为全部是水，反之亦然。

③ 一般说来色谱柱不能反冲，只有生产者指明该柱可以反冲时，才可以反冲除去留在柱头的杂质。否则反冲会迅速降低柱效。

④ 选择使用适宜的流动相（尤其是 pH 值），以避免固定相被破坏。有时可以在进样器前面连接一根预柱，分析柱是键合硅胶时，预柱为硅胶，可使流动相在进入分析柱之前预先被硅胶"饱和"，避免分析柱中的硅胶基质被溶解。

⑤ 避免将基质复杂的样品尤其是生物样品直接注入柱内，需要对样品进行预处理或者在进样器和色谱柱之间连接一根保护柱。保护柱一般是填有相似固定相的短柱。保护柱可以而且应该经常更换。

⑥ 经常用强溶剂冲洗色谱柱，清除保留在柱内的杂质。在进行清洗时，对流路系统中流动相的置换应以相混溶的溶剂逐渐过渡，每种流动相的体积应是柱体积的 20 倍左右，即常规分析需要 50~75mL。

⑦ 保存色谱柱时应将柱内充满乙腈或甲醇，柱接头要拧紧，防止溶剂挥发干燥。绝对禁止将缓冲溶液留在柱内静置过夜或更长时间。

⑧ 色谱柱使用过程中，如果压力升高，一种可能是烧结滤片被堵塞，这时应更换滤片或将其取出进行清洗；另一种可能是大分子进入柱内，使柱头被污染；如果柱效降低或色谱峰变形，则可能柱头出现塌陷，死体积增大。

通常色谱柱寿命在正确使用时可达 2 年以上。以硅胶为基质的填料，只能在 pH = 2~9 范围内使用。柱子使用一段时间后，可能有一些吸附作用强的物质保留于柱顶，特别是一些有色物质更易看清被吸着在柱顶的填料上。新的色谱柱在使用一段时间后柱顶填料可能塌陷，使柱效下降，这时也可补加填料使柱效恢复。

每次工作完后，最好用洗脱能力强的洗脱液冲洗，例如 ODS 柱宜用甲醇冲洗至基线平衡。当采用盐缓冲溶液作流动相时，使用完后应用无盐流动相冲洗。含卤族元素（氟、氯、溴）的化合物可能会腐蚀不锈钢管道，不宜长期与之接触。装在 HPLC 仪上柱子如不经常使用，应每隔 4~5 天开机冲洗 15min。

三、原子吸收光谱仪

1. 样品要求

因水溶性及固体废弃物的基质复杂性及变异性，通常必须经过适当预先处理。固体、污泥及悬浮物质在分析前必须先加以溶解，此程序随因待测分析的金属及样品特性的不同而异。

2. 开机步骤

（1）打开实验室通风系统，安装待测元素的空心阴极灯。打开乙炔气和空压机。

（2）打开原子吸收光谱仪主机电源，待仪器自检完成后，需要先让空心阴极灯预热 20~30min。

（3）调整仪器，将单光器调至正确的波长，选择适当的单光器狭缝宽度，并依照厂商或空心阴极灯使用说明书的建议调整电流。

（4）点火并调节燃料及氧化剂的流量，调整燃烧头及喷雾器的流速以达到最大的吸收及稳定度，保持光计的平衡。

（5）测量待测元素的系列标准溶液，绘制吸光度对应浓度的标准曲线。

（6）吸入样品溶液并直接读出或根据吸光度由标准曲线计算其浓度。每分析一个或一系列样品时须同时测量系列标准溶液。

3. 关机步骤

（1）所有测量结束后，关闭乙炔气瓶，使火焰熄灭，然后关闭空压机工作开关；

（2）关闭通风系统开关。关闭工作软件，关闭主机。

4. 注意事项

（1）雾化器的使用。每次测量完成，用蒸馏水洗喷 2~3min。工作室内温度不可低于 10℃，否则喷口的降温作用可造成结冰堵塞。样品溶液不能有气泡，如果进样管内有气泡，阻力很大使吸入样品停止，用手指弹动进样管，使气泡吸走，即可正常；也可用注射器吸走气泡。

雾化室必须定期清洗，清洗时先取下燃烧器，用少量去离子水从雾化室上口灌入，让水从废液管排走，多次冲洗即可。

（2）燃烧头的使用。燃烧头使用后温度很高，严禁用手触摸。保持燃烧头清洁，燃烧头狭缝上不应有任何沉积物，因这些沉积物可能引起燃烧头堵塞，使雾化室内压力增大，使液封盒中的液体被压出，或残渣从燃烧狭缝中落入雾化室将燃气引燃。清除方法是把火焰熄灭后，用滤纸插入缝内擦拭。

（3）废液管必须接在液封盒下出液口上，排液必须通畅。上通气口必须与大气相通。废液管下端不要插入废液中，应在废液上方与液面保持一定距离。

（4）使用火焰法测定时，要特别注意防止回火，要特别注意点火和熄火时的操作顺序。点火时一定要先打开助燃气，然后再开燃气；熄火时必须先关闭燃气，待火熄灭后再关助燃气。新安装的仪器和长时间未用的仪器，千万不要忘记在点火之前检查雾化室的废液管是否有水封。

（5）气瓶使用。使用乙炔时，需使用乙炔专用的减压阀，不能直接让乙炔流入管道。乙炔与铜、银、汞及其合金会产生这些金属的乙炔化物，在震动等情况下引起分解爆炸，因此要避免接触这些金属。乙炔气瓶内有丙酮等溶剂。如果初级压力低于 0.5MPa，就应该换新瓶，避免溶剂流出。

乙炔钢瓶的主阀只能从完全关闭的状态下打开 1 圈或 1.5 圈。为了防止丙酮从钢瓶流出，不要打开超过 1.5 圈。与此相反，如果乙炔主阀打开不足，当火焰从空气-乙炔火焰切换到氧化亚氮-乙炔火焰时由于乙炔流量不够而引起回火。

四、荧光分光光度计

1. 开机步骤

（1）确保分光光度计与电脑是通过随机配带的 USB 数据线连接；将电脑打开，打开荧光分光光度计的电源开关。开机预热 20min 后才能进行测定工作。

（2）检查氙灯是否被点亮，以及仪器处于工作状态的指示灯是否点亮。

（3）双击桌面上荧光分析软件快捷图标，等待程序初始化，系统将自检，如果出现错误提示，立即关闭荧光分光光度计，过 15min 再重新启动。

（4）创建一个分析方法。从工具菜单中，选择配置命令来设置分析条件。扫描类型选择波长扫描，根据标准再设定扫描模式、数据模式、发射波长、激发波长等参数。

（5）样品测定。将已经装入样品的四面擦净后的石英荧光比色皿放入样品室内试样槽后，将盖子盖好后扫描。扫描结束后输入文件名将文件储存。

2. 关机步骤

测试完毕后，关闭电脑。之后要先关闭氙灯（Xe 灯开关置于"Off"位置），散热 20min 后，再关闭电源开关。

3. 注意事项

（1）开机时，先开氙灯电源，再开主机电源。每次开机后请先确认一下排热风扇工作正常，以确保仪器正常工作，发现风扇有故障，应停机检查。

（2）使用石英样品池时，应手持其棱角处，不能接触光面，用毕后，将其清洗干净。

（3）当操作者错误操作或其他干扰引起微机错误时，可重新启动计算机，但无须关断氙灯电源。

（4）光学器件和仪器运行环境需保护清洁。切勿将比色皿放在仪器上。清洁仪器外表时，请勿使用乙醇乙醚等有机溶剂，请勿在工作中清洁，不使用时请加防尘罩。

（5）为延长氙灯的使用寿命，实验完毕后要先关闭氙灯，不关电源主机电源（光度计的右侧），待其散热完毕后再关闭电源。

五、微波消解仪

1. 开机步骤

（1）打开稳压电源、仪器电源开关，待仪器自检后，进入主菜单，根据仪器说明书的要求进行预热。

（2）称样，待消解样品控制在每罐 0.3g（液态）或 0.5g（固态）以下，每罐称样量尽量保持一致，每批反应至少 8 个罐。

（3）加酸，每罐加酸总量不能超过 10mL，同一批反应必须使用相同的酸，严禁使用高氯酸。

（4）安装消解罐，适度拧紧盖子，将消解罐均匀放置在架子上，保证保护套为干燥状态。将架子放入消解仪腔内。

（5）将排气管放入通风厨或置于室外。

（6）设定微波消解时间、消解温度、消解压力等各项参数，保存方法。

（7）按开始键，仪器运行。如仪器出现异常，可按停止键。消解结束后仪器自动进行冷却。

（8）当温度降至 60℃ 以下，将消解罐拿至通风厨内，缓慢拧松盖子，泄压，然后完全打开盖子。

（9）进行赶酸、定容等后续操作。

2. 关机步骤

（1）结束后，不可用水快速冷却（将导致制样罐外罐变形或破裂），应自然冷却。

（2）关闭仪器电源、稳压电源。

（3）清洁仪器、仪器门、微波腔、转盘、微波腔体保护板。清洁、清洗罐子部件。

3. 注意事项

（1）加入酸与液体的体积，只用内罐时至少 8mL；用内插罐时 1mL 左右（皆少于罐容积的 1/3），同时内罐中都要加入 5mL 去离子水和 1mL 双氧水。

（2）最大固体加样量：内插罐≤0.1g；内罐≤0.5g。

（3）严禁用高氯酸进行消化。

（4）严禁含有机溶剂或挥发性的样品进行消化。如要消化，应先水浴挥干。

（5）同一批次的消化样品应性质相同。

（6）1 号主控罐中应加入样品。主控罐一定安装在正对操作者的位置。

（7）温度传感器要轻拿轻放。

（8）放置支架时应均匀间隔距离，平衡放置。

（9）主控罐要先泄压再拔掉压力传感器。

（10）清洗内罐和内插罐时，禁用毛刷，可用棉棒擦拭。若内壁过脏或有固体残留，可用 15%~20% 硝酸浸泡过夜或超声波清洗。

（11）外罐要注意防酸腐蚀。

六、总有机碳分析仪

1. 开机步骤

（1）打开氧气瓶总阀，氧气减压阀的分压阀至 0.2~0.4MPa。

（2）打开主机电源，自动进样器电源以及计算机电源。

（3）待主机指示灯变绿后，双击软件图标，打开软件。

（4）进入操作界面，选择初始化仪器。炉温逐渐升高到 800℃，此过程需要 5~10min。

（5）仪器发出嗡嗡的响声，进入初始化状态，初始化完毕后，系统操作界面左上角出现"系统状态"栏，字体颜色均为黑色表示系统运行正常。

（6）若有黄色/红色字体出现，则表明系统不能正常运行和操作，应立即对出现红字的相关部位进行检查。

（7）点击方法选择装载，载入已存方法，每个样品测 2~3 次，取平均值。点击 OK 确认。

（8）已存方法中已包含校准曲线，可用标准样品来检验校准曲线是否满足测试要求（校准曲线是否漂移），如果校准曲线满足测试要求，可直接测试样品，否则需重新制作校准曲线。

（9）选择测量，点击下拉菜单启动测量（开始测量）或直接点击 F2 快捷键，输入样品表名称。

（10）点"开始"，自动进样器对话框将弹出，在样品列表（分析表）输入相应名称后，序号就是瓶号，点击选中样品，然后点击确认图标。

（11）保存测样序列名称。

（12）弹出测量菜单，点击"开始"，仪器将自动测试样品；提示"是否加酸"，一般需要；如果已经加过，可以不用再加。

（13）待检测完毕后，会自动弹出测试结果。

（14）点击数据报告/分析数据报告弹出分析数据表，点击图标，出现列表，在列表中双击自己要看的结果。

2. 关机步骤

(1) 每次测试完毕后，应加进 1 针空白液，待仪器指示稳定后，再退出软件。

(2) 选择"退出"退出，"退出程序"窗口，选择"关闭测试仪"并点击"确定"。

(3) 等待 5min，温度从 800℃降下来。

(4) 关闭主机电源，关闭自动进样器电源，关闭计算机电源。

(5) 将氧气瓶总阀关闭。

3. 注意事项

(1) 至少每周开机一次，对仪器进行检查并确认仪器状态良好，同时每周更换一次总有机碳检查用水。

(2) 在 TIC 冷凝器和水分捕集器之后有一个 U 形脱卤素管，有效除去检测气体中的杂质，保护检测器。脱卤素管内填充特制铜丝，以黄铜丝作为变色指示。由于废铜丝会损坏仪器，当一半的铜丝颜色发生明显变化时，必须更换脱卤素管里的所有铜丝。

(3) 需定时更换水分捕集器或每年定期更换 2 次。取下/更换水分捕集器时，仪器保持电源打开。一旦测试气流关闭，则紫外灯自动关闭。

(4) 每 3 个月对注射泵进行查漏同时最多间隔 12 个月清洗一次，如果泄漏或污染应立即取下注射泵。

(5) 排污管出现漏液现象时需及时更换，或每年定期更换一次。

(6) 每 3 个月对蠕动泵和泵软管进行查漏，如有泄漏需及时更换。

七、气质联用仪

1. 开机步骤

(1) 打开 He 气钢瓶的开关，确认总压大于 2MPa，分压调至 0.5MPa；打开排风；打开稳压电源开关，检查电源电压输出是否稳定且零地电压是否小于 1V。

(2) 依次打开 GC 和 MS 总电源开关，电脑打开软件。等待仪器自检。

(3) 查看仪器当前参数设置，并根据实验要求设置参数，将所有参数发送给仪器。

(4) 待仪器稳定 1~2h。观察真空泵状态；观察离子源、四极杆温度的实际值是否达到设定值。

(5) 对仪器进行调谐和校准，对质谱是否漏气进行核查。

(6) 核查、调谐和校准通过后，设定条件，测定样品。

2. 关机步骤

(1) 在仪器控制菜单中，设定离子源温度、传输线温度为 50℃，发送参数给仪器，后点击 Shut down，等待 Turbo-pump Speed：0%，各温度降至 100℃以下，选择关闭 MS 的电源。

(2) 查看色谱参数，取消进样口温度、柱温，等待进样口温度降至 100℃以下后，关闭 GC 的电源。

(3) 退出工作站，关闭计算机。

(4) 关闭钢瓶总阀及分压阀。

3. 注意事项

(1) 务必记住开机前先开气(载气 He)，最后关气。

（2）在打开 MS 电源开关前，需先确认真 MS 真空腔的放空阀旋紧，真空锁门关闭，质谱传输线端螺母拧紧。

（3）测试样品前处理过程（提取、净化、溶剂等）必须符合气质要求。

（4）测定完毕，要确保柱内无残留样品（一般采用高温清烧）。

八、液质联用仪（以 Thermo TSQ 液质联用仪为例）

1. 开机前准备事项

（1）检查真空泵油液面，确保泵内油液面处于标定的上下两线之间。

（2）查看离子源洁净程度，ESI 源查看喷口是否有固体析出，毛细管口是否完好；APCI 喷口是否有积液。

（3）气体压力，打开高纯氮气钢瓶或氮气发生器，调节出口压力调至 0.65MPa，打开高纯氩气钢瓶总阀，调节出口压力调至 0.25MPa。

（4）开启动力电源，电压稳定，正常。

（5）确保室内温度在 18~25℃。

2. 开机步骤

（1）打开质谱电源，即打开质谱主电源（Main PowerSwitch）至 on 位置。

（2）打开真空开关（Vacuum Switch）在 Operational 状态；真空开关开启约 1h 后，打开电子开关 Electronics ServiceSwitch 在 Operational 状态。

（3）用密封垫或者放电针堵上离子传输毛细管。

（4）打开数据处理系统，即打开计算机和打印机；双击桌面 图标，打开 QuantumTune Master 界面。

（5）单击 Quantum Tune Master 界面上 图标，查看质谱状态，确认 Ion Gauge Pressure 小于 5×10^{-6}Torr。（1Torr = 133Pa）

（6）打开液相部分各模块电源。

3. 关机步骤

（1）双击桌面 图标，打开 Quantum Tune Master 界面；将质增设置为待机 Standby 状态。

（2）关闭电子服务开关（Electronics Service Switch）。

（3）关闭真空开关（Vacuum Switch）。

（4）3min 后关闭质谱主电源开关（Main Power Switch）至 off 位置。

（5）关闭液相部分各模块电源。

4. 注意事项

（1）酸性物质适合做负离子检测，所以流动相偏碱性较合适，促使其解离，碱性物质适合做正离子检测，流动相中适当的加入酸，促使其形成正离子，流动相中适当加一些醋酸钠（或者醋酸铵），可形成加钠的正离子或者加铵的正离子。

① 推荐使用的流动相和添加剂：

有机溶剂：乙腈/甲醇/乙醇/异丙醇/二氯甲烷（反相色谱）；

缓冲液：乙酸铵/甲酸铵；

酸：甲酸/乙酸/三氟乙酸（正离子）；

碱：氨水。

② 不推荐使用/尽量不用的：

有机溶剂：四氢呋喃；

缓冲液：磷酸盐/柠檬酸盐/碳酸盐；

酸：硫酸/磷酸/盐酸/高氯酸/磺酸；

碱：季胺/强碱/三乙胺；

其他：清洁剂/表面活性剂/离子对试剂/不挥发的盐。

（2）质谱用水水相为纯净水，建议使用市面上的瓶装纯净水，为防止水中自生细菌堵塞管路，要求开瓶后 3 日内使用，超过 3 日需要丢弃。质谱用甲醇和乙腈需用液相色谱纯，建议使用 Merck/Sigma 等大品牌。

（3）质谱部分对流速限制较大，对于 ESI，一般在 0.2~0.4mL/min 之间，故参考 HPLC液相条件时，第一要考虑的是适当减小流速，以满足质谱部分。

（4）待机时将切换阀置于 waste，避免刚开液相时将流动相打入离子源。

（5）关机前毛细管的温度先降下来，稳定一段时间后再关闭电源，避免风扇停止转动后毛细管外围的热量向里扩散，容易引起内部线路及电子元器件老化加速。

第三章　水质监测分析实验

实验 1　浊度的测定

天然水和废水中有很多颗粒性物质，如泥砂、黏土、藻类及其他微生物、不溶性无机物和有机物，会产生混浊现象。水样的混浊程度可以用浊度来表示。浊度，即水体中有悬浮颗粒物时，会阻碍光线透过水层（即通过水体的部分光线会被吸收或散射，而非直接透射）。由悬浮性颗粒物对光线引起的阻碍程度，可用浊度表示。浊度是一种光学效应，它表现出光线透过水层时受到阻碍的程度。浊度单位有以下几种表示方法：

FNU：ISO 7027 国际标准设计的散射原理的浊度仪，使用福尔马肼作为基准物质时，1L 水中含有 1mg 此种悬浮物，其浊度定义为 1FNU。

NTU：按照 USEPA 108.1 标准设计的散射原理的浊度仪，使用福尔马肼作为基准物质时，1L 水中含有 1mg 此种悬浮物，其浊度定义为 1NTU。

FTU：1971 年美国 APHA（公共卫生协会）采用福尔马肼作为基准物，当 1L 水中含有 1mg 此种悬浮物，其浊度定义为 1FTU。

由此可见，FNU、NTU 及 FTU 所代表的意义完全一致。

度：将 1mg 一定粒度硅藻土在 1000mL 水中所产生的混浊程度为 1 度，为传统浊度定义。与上述单位无定量关系。

目前测定浊度的方法主要有分光光度法、目视比浊法和浊度计法，本实验选用浊度计法测定水中浊度。

浊度计法是依据浑浊液对光进行散射或透射的原理制成的测定水体浊度的专用仪器及测量方法，一般用于水体浊度的连续自动测定。

使用浊度计法测定浊度时需注意以下注意事项：

（1）测量池内必须长时间清洁干燥、无灰尘，不用时需盖上遮光盖。

（2）试样瓶每次装液时，要将瓶外液体用滤纸吸干，以免仪器被损坏。

（3）潮湿气候使用，必须相应延长开机时间。

（4）被测溶液应沿试样瓶壁小心倒入，防止产生气泡，影响测量准确性。

一、实验目的

（1）学会浊度计的操作方法。

（2）掌握浊度测定的基本原理和方法。

（3）了解浊度计使用的注意事项。

二、实验原理

采用国际标准 ISO 7027 中规定的福尔马肼（Formazine）浊度标准溶液进行标定。主要原理是，用一束红外入射光透过同一厚度不同浊度的水样时，将得到不同的散射光强，其光强和浊度成正比。仪器通过计量散射光强，并经过电路处理，即得到水样的浊度值。

三、仪器与试剂

（1）仪器

SGZ 数显浊度仪，100mL 容量瓶，移液管。

（2）试剂

硫酸联氨 $H_4N_2 \cdot H_2SO_4$（硫酸肼，AR 级），六次甲基四胺 $C_6H_2N_4$（AR 级）。

四、实验内容

1. 标准浊度液的配置

① 号溶液：称量硫酸联氨 1.00g 于水中溶解，置于 100mL 容量瓶中稀释至刻度。

② 号溶液：称量六次甲基四胺 10.00g 于水中溶解，置于 100mL 容量瓶中稀释至刻度。

取 5mL①号溶液、5mL②号溶液于 100mL 容量瓶中混匀，在 25℃±3℃ 环境中静置 24h 后稀释至刻度。此溶液即为 400 浊度标准溶液（有效期冬季 30d，夏季 7d，可放在冰箱中保存），如果用其他浊度标准溶液，即可采用 400 浊度溶液稀释，达到所需浊度。

2. 浊度的测定方法

（1）开启仪器的电源开关，预热 30min。

（2）将零浊度水倒入试样瓶内至刻度线，然后旋上瓶盖，并擦净瓶体的水迹及指印。同时应注意启放时不可用手直接拿瓶体，以免留下指印，影响测量精度。

（3）将装好的零浊度水试样瓶，置入试样座内，并保证试样瓶的刻度线应对准试样座上的白色定位线，然后盖上遮光盖。

（4）稍等读数稳定后调节零位旋钮，使显示为零。

（5）采用同样方法装置校准用的标准溶液（400FTU），并放入试样座内，调节校正钮，使显示为标准值。

（6）重复（3）～（5）步骤，保证零点及校正值正确可靠。

（7）放入样品试样瓶，等读数稳定后即可记下水样的浊度值。

五、思考题

（1）测定的主要方法和基本原理是什么？

（2）测定水样时应注意哪些事项？

实验 2　废水色度的测定

纯净的水是无色的，当水中含有大量的杂质时，水就会产生颜色。例如：含有较多泥砂的水，显黄色；含有大量泥砂及腐殖质的水显褐色或黄褐色；含有胶体铁的水为浅黄色或黄褐色；含有藻类的水为绿色或褐色等。因此根据水的颜色可以大体上推测水中污染体的成分或污染程度。

水的色度是饮用水水质的重要指标之一。这主要是由于色度会引起人视觉感官的不良反应，并可以使水在饮用时有不愉快的味道，并产生厌恶心理。同时由于使水产生色度的杂质会堵塞水处理用离子交换剂的孔隙、污染树脂、污染水质，引起水质恶化，所以工业用水对水的色度有较严格的要求。

在水质化验分析中，一般用"真色"来表示色度，即水中悬浮物被除去后，水质所呈现的颜色，所以水样在测定前，要先用澄清或离子沉降的方法除去水中的悬浮物。如果水样中含有颗粒过小的无机物或有机物，不容易用离心的方法除去，则可以测定"表色"，即没有除去悬浮物时，水样所呈现的颜色，其测定结果需要在化验报告中注明。

pH值对色度有较大的影响，在测定色度的同时，应测量溶液的 pH 值。天然和轻度污染水可用铂钴比色法测定色度，对工业有色废水常用稀释倍数法辅以文字描述。如果样品中有泥土或其他分散很细的悬浮物，经预处理而得不到透明水样时，则只测其表色。

方法一：铂-钴标准比色法

一、实验目的

（1）掌握铂钴比色法测定水和废水颜色方法，方法所适用范围。
（2）掌握水样色度测定仪器的使用及操作程序。
（3）了解水的色度的影响因素。

二、实验原理

用氯铂酸钾与氯化钴配成标准色列，与水样进行目视比色。每升水中含有 1mg 铂和 0.5mg 钴时所具有的颜色，称为 1 度，作为标准色度单位。

如水样浑浊，则放置澄清，亦可用离心法或用孔径为 0.45μm 滤膜过滤以去除悬浮物，但不能用滤纸过滤，因滤纸可吸附部分溶解于水的颜色。

三、仪器与试剂

（1）仪器
50mL 成套具塞比色管；
离心机。
（2）试剂
氯铂酸钾 K_2PtCl_6：分析纯；
氯化钴 $CoCl_2 \cdot 6H_2O$：分析纯；
浓盐酸：分析纯。

四、实验内容

1. 标准溶液的配制
（1）铂-钴标准溶液配制
称取 0.623g 氯铂酸钾，再用称量瓶称取 0.500g 干燥的氯化钴，共溶于 50mL 去离子水中加入 50mL HCl，将此溶液转移至 500mL 容量瓶中，再稀释至标线，此标准溶液的色度为 500 度。

（2）标准色列的配制

取 50mL 比色管 11 支，分别加入铂-钴标准溶液 0、0.50mL、1.00mL、1.50mL、2.00mL、2.50mL、3.00mL、3.50mL、4.00mL、4.50mL、5.00mL，加去离子水至标线，摇匀。即配制成色度为 0、5 度、10 度、15 度、20 度、25 度、30 度、35 度、40 度、45 度、50 度的标准色列，密封保存，可长期使用。

2. 水样的测定

取 50mL 透明的水样于比色管中，如水样色度过高，可取适量水样，用去离子水稀释至 50mL 与标准色列进行比色(观察时，可将比色管置于白磁板上，使光线从管底部向上透过柱液，目光自管口垂直向下观察)，将结果乘以稀释倍数。

五、数据处理

$$C = \frac{M}{V} \times 500$$

式中　C——水样的色度，度；

　　　M——相当于铂钴标准溶液用量，mL；

　　　V——水样体积，mL。

方法二：稀释倍数法

一、实验目的

（1）掌握稀释倍数法测定水和废水颜色方法，方法所适用范围。

（2）掌握水样色度测定的操作程序。

（3）了解水的色度的影响因素。

二、实验原理

将有色工业废水用无色水稀释到接近无色时，记录稀释倍数，以此表示该水样的色度。并辅以用文字描述颜色性质，如深蓝色、棕黄色等。

三、仪器与试剂

50mL 具塞比色管，其标线高度要一致。

四、实验内容

1. 标准溶液的配置

取 100~150mL 澄清水样置烧杯中，以白色瓷板为背景，观测并描述其颜色种类。

2. 水样的测定

分取澄清的水样，用水稀释成不同倍数，分取 50mL 置于 50mL 比色管中，管底部衬一白瓷板，由上向下观察稀释后水样的颜色，并与蒸馏水相比较，直至刚好看不出颜色，记录此时的稀释倍数。

方法三：分光光度法

一、实验目的

（1）掌握分光光度法测定水和废水颜色方法，方法所适用范围。
（2）掌握水样色度测定仪器的使用及操作程序。
（3）了解水的色度的影响因素。

二、实验原理

采用分光光度方法建立色度值和色度学中可测量的参数的关系，通过测量相关色度学参数的方法来决定水体的色度值。

三、仪器与试剂

（1）分光光度计；
（2）离心装置。

四、实验内容

调节水样 pH 值至 7.6，取离心处理过的水样于比色皿中，按表所列的每个波长测定透光率（以百分比计），选用 10 个具有星标号的坐标（如要增加精度则用 30 个坐标），以去离子水为空白测定透光率。

五、数据处理

（1）将表 2-1 所示的条件在 X、Y、Z 行波长下测定透光率。把每行透光率加在一起得总值，将每行总值乘以适当因数（10 或 30 坐标），如表 2-1 所示，就得到 X、Y 和 Z 的三刺激值。其中 Y 是明度百分比。

表 2-1　用分光光度计测定色度时选择的坐标

坐标数	波长/nm		
	X	Y	Z
1	424.4	465.9	414.4
2*	435.5	489.5	422.2
3	443.9	500.4	426.3
4	452.1	508.7	429.4
5*	461.2	515.2	432.0
6	474.0	520.6	434.3
7	531.2	525.4	436.5
8*	544.3	529.8	438.6
9	552.9	533.9	400.6
10	558.7	537.7	422.5

坐标数	波长/nm		
	X	Y	Z
11*	564.1	541.4	444.4
12	568.9	544.9	446.3
13	573.2	548.4	448.2
14*	577.4	551.8	450.1
15	581.3	555.1	452.1
16	585.0	558.5	454.0
17*	588.7	561.9	459.9
18	592.9	565.3	457.9
19	596.0	568.9	459.9
20*	599.6	572.5	462.0
21	603.3	576.4	464.1
22	607.0	580.4	466.3
23*	610.9	584.8	468.7
24	615.0	589.6	471.4
25	619.4	594.8	474.3
26*	624.2	600.8	477.7
27	629.8	607.7	481.8
28	636.6	616.0	487.2
29*	645.9	627.3	495.2
30	663.0	647.4	511.2
用30个坐标的因数	0.03269	0.03333	0.03938
用10个坐标的因数	0.09806	0.10000	0.11814

注：* 表示用 10 个坐标的因数进行实验。

（2）用下列公式，由三刺激值 X，Y 和 Z 计算三色系数 x、y：

$$x=\frac{X}{X+Y+Z}, \quad y=\frac{Y}{X+Y+Z}$$

根据上式的计算可在色度图解上得点（x、y），并从图 2-1 上直接查出主波长、纯度（百分比）。根据表 2-2 所列范围，由主波长可查出色调。

即在色度图 2-2 上分别标出颜色样品和光源的色度点（为常数，$x_0 = 0.3101$，$y_0 = 0.3162$），连接两点做一直线，并从光源向样品色度点的方向延长与光谱轨迹相交，这一交点的波长就是该颜色样品的波长。

样品的颜色接近主波长光谱色的程度，称为该样品颜色的纯度。色度图 2-2 上，用光源点到样品色度点的距离与光源点到主波长色度点（或补色波长色度点）的距离的比率来表示。

如：在图 2-2 中 O 为光源色度点，M 为样品色度点，L 为 M 的波长色度点，则：

$$纯度 = OM/OL$$

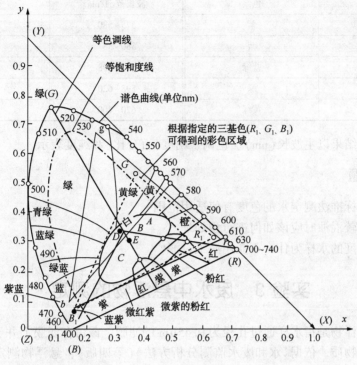

图 2-1 色度图

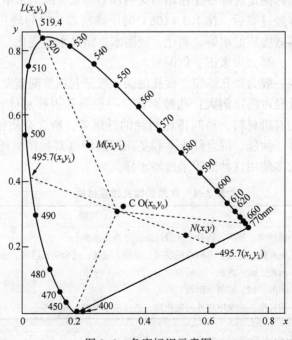

图 2-2 色度标识示意图

表 2-2　各种主波长范围的色调

波长范围/nm	色调	波长范围/nm	色调
400~465	紫	575~580	黄
465~482	蓝	580~587	黄橙
482~497	蓝绿	587~598	橙
497~530	绿	598~620	橙红
530~576	黄绿	620~700	红

结果表示：结果以主波长(nm)、色调、明度(百分比)和纯度表示。

六、思考题

(1) 用铂钴标准法测定水的色度有何适用范围？

(2) 溶液比较混浊时应该如何进行预处理？

(3) 测定色度的水样为什么不能用滤纸过滤？

实验 3　废水中悬浮物的测定

水质中的悬浮物是指水样通过孔径为 0.45μm 的滤膜，截留在滤膜上并于 103~105℃ 烘干至恒重的固体物质。依据《水和废水监测分析方法》(第四版)，悬浮物测定的标准分析方法为滤膜法。方法中要求滤膜的直径、孔径为 45~60mm 和 0.45μm，一般以 5~100mg 悬浮物量作为量取试样体积的依据，在实际应用中，由于滤膜本身的材质构成及工业废水成分的复杂性，造成滤膜在实际测定过程中存在相当大的误差因素。因为水中悬浮物的测定实际上是一种条件试验，试样经过滤后，在 103~105℃ 时干燥所需的时间较长(3.5h 以上)，然而在加热状态下，由于某些物质的水解、氧化，吸附水、结晶水的变化，气体挥发以及滤纸或试样干燥程度的不同等，都会带来正、负误差。

实验室使用的滤膜一般为微孔滤膜。微孔滤膜一般是利用溶剂蒸发形成孔的，其孔径相对较小且均匀，微孔孔径占的比例大；孔隙率高，一般微孔占膜总体积的 80%，具有一致的高交联孔径。滤膜为有机材料，易制得相当纯的纤维素，所含杂质很少。表 3-1 列出了常见的微孔滤膜的材质、性能。混合纤维素膜是指醋酸纤维素和硝酸纤维素的混合纤维膜。在实际测量工作中，大多使用这种滤膜来过滤水样。

表 3-1　常见的微孔滤膜材质

材质	性能
醋酸纤维素	耐油类、醇类，适合于除菌过滤，可热压消毒
混合纤维素	耐稀酸、稀碱，不耐有机溶液、强酸、强碱，适合于水溶液、油类的过滤
聚乙烯	耐酸、碱、溶剂，不耐温
聚四氟乙烯	耐酸、碱、溶剂，耐温
硝酸纤维素	耐烃类、除氯甲烷外的氯化烃，适合于水溶液、油类等

滤膜在测量悬浮物中必须要注意以下几个问题：

(1) 树叶、木棒、水草等杂质应先从水中除去。

(2) 废水黏度高时，可加 2~4 倍蒸馏水稀释，振荡均匀，待沉淀物下降后再过滤。

（3）也可采用石棉坩埚进行过滤。

一、实验目的

（1）明确水体中悬浮物的测定对水质评价的意义；
（2）掌握悬浮物的测定方法。

二、实验原理

悬浮物（不可滤残渣）系指剩留在滤料上并于 103~105℃烘至恒重的固体，直接测定法是将水样通过滤纸后，烘干固体残留物及滤纸，将所称质量减去滤纸质量，即为悬浮物，常用 SS 表示。

三、仪器与试剂

烘箱、分析天平、干燥器、孔径为 0.45μm 滤膜及相应的滤器或中速定量滤纸、玻璃漏斗、内径为 30~50mm 称量瓶。

四、实验内容

（1）滤膜准备

将滤膜放在称量瓶中，打开瓶盖，在 103~105℃烘干 2h，取出冷却后盖好瓶盖称重，直至恒重（两次称量相差不超过 0.0005g）。

（2）水样抽滤

去除漂浮物后振荡水样，量取均匀适量水样（使悬浮物大于 2.5mg），通过上面称至恒重的滤膜过滤；用蒸馏水洗残渣 3~5 次。如样品中含油脂，用 10mL 石油醚分两次淋洗残渣。

（3）滤膜烘干及称量

小心取下滤膜，放入原称量瓶内，在 103~105℃烘箱中，打开瓶盖烘 2h，冷却后盖好盖子称重，直至恒重为止。

五、数据处理

$$悬浮固体（mg/L） = \frac{W_2 - W_1}{V} \times 1000 \times 1000$$

式中　W_1——称量瓶重，g；

　　　W_2——悬浮物加称量瓶重，g；

　　　V——水样体积，mL。

六、思考题

（1）对水样如何进行预处理？
（2）为什么控制温度在 103~105℃？

实验4　废水中化学需氧量的测定

所谓化学需氧量（COD），是在一定的条件下，采用一定的强氧化剂处理水样时，所消耗的氧化剂量。它是表示水中还原性物质多少的一个指标。水中的还原性物质有各种有机物、亚硝酸盐、硫化物、亚铁盐等。但主要的是有机物。因此，化学需氧量（COD）又往往作为衡量水中有机物质含量多少的指标。化学需氧量越大，说明水体受有机物的污染越严重。化学需氧量（COD）的测定，随着测定水样中还原性物质以及测定方法的不同，其测定值也有不同。目前应用最普遍的是酸性高锰酸钾氧化法与重铬酸钾氧化法。高锰酸钾（$KMnO_4$）法，氧化率较低，但比较简便，在测定水样中有机物含量的相对比较值时，可以采用。重铬酸钾（$K_2Cr_2O_7$）法，氧化率高，再现性好，适用于测定水样中有机物的总量。

有机物对工业水系统的危害很大。含有大量的有机物的水在通过除盐系统时会污染离子交换树脂，特别容易污染阴离子交换树脂，使树脂交换能力降低。有机物在经过预处理时（混凝、澄清和过滤），约可减少50%，但在除盐系统中无法除去，故常通过补给水带入锅炉，使炉水 pH 值降低。有时有机物还可能带入蒸汽系统和凝结水中，使 pH 值降低，造成系统腐蚀。在循环水系统中有机物含量高会促进微生物繁殖。因此，不管对除盐、炉水或循环水系统，COD 都是越低越好，但并没有统一的限制指标。在循环冷却水系统中 COD（$KMnO_4$法）>5mg/L 时，水质已开始变差。

本次实验选择重铬酸钾法来测定。本方法适用于各种类型的含 COD 值大于 50mg/L 的水样，对未经稀释的水样的测定上限为 500mg/L。本方法不适用于含氯化物浓度大于 1000mg/L（稀释后）的含盐水。

采用重铬酸钾法测定 COD，需注意以下事项：

（1）对于化学需氧量小于 50mg/L 的水样，应改用 0.0250mol/L 的重铬酸钾标准溶液。回滴时用 0.01mol/L 硫酸亚铁铵标准溶液。

（2）水样加热回流后，溶液中重铬酸钾的剩余量应为加入量的 1/5~4/5 为宜。

（3）每次实验时，应对硫酸亚铁铵溶液进行标定，室温较高时，其浓度变化较大。

（4）COD 的测定数据应该保留三位有效数字。

（5）在加热回流时溶液中必须加几粒玻璃珠防止暴沸。

一、实验目的

（1）明确水体化学需氧量的含义以及意义；

（2）掌握回流操作和重铬酸钾法测定化学需氧量的原理和方法。

二、实验原理

在强酸性溶液中，在硫酸银的催化作用下，用重铬酸钾将水样中的还原性物质（主要是有机物）氧化，过量的重铬酸钾溶液以试亚铁灵作指示剂，用硫酸亚铁铵溶液回滴。根据所消耗的重铬酸钾量算出水样中的化学需氧量。硫酸亚铁铵和重铬酸钾的反应：

$$6FeSO_4 + 7H_2SO_4 + K_2Cr_2O_7 \longrightarrow Cr_2(SO_4)_3 + 3Fe_2(SO_4)_3 + K_2SO_4 + 7H_2O$$

三、仪器与试剂

1. 仪器

（1）250mL 全玻璃回流装置。

（2）加热装置（电炉）。

（3）25mL 或 50mL 酸式滴定管、锥形瓶、移液管、容量瓶等。

26

2. 试剂

（1）重铬酸钾，分析纯，预先在105~110℃烘箱中干燥2h，并在干燥器中冷却至室温。

（2）试亚铁灵指示剂：称取1.485g邻菲罗啉（$C_{12}H_8N_2 \cdot H_2O$），0.695g硫酸亚铁（$FeSO_4 \cdot 7H_2O$）溶于水中，稀释至100mL，贮于棕色试剂瓶中。

（2）硫酸亚铁铵[$(NH_4)_2Fe(SO_4)_2 \cdot 6H_2O$]：分析纯。

（4）硫酸—硫酸银溶液：于500mL浓硫酸中加入5g硫酸银。放置1~2d，不时摇动使其溶解。

（5）硫酸汞：分析纯。

四、实验内容

1. 0.2500mol/L重铬酸钾标准溶液的配制

称取1.2258g重铬酸钾（预先在105~110℃烘箱中干燥2h，并在干燥器中冷却至室温）溶于水中，移入100mL容量瓶中，用水稀释至标线，摇匀。

2. 0.1mol/L硫酸亚铁铵标准溶液的配制

称取10.0g硫酸亚铁铵溶于150mL水中，边搅拌边缓慢加入5mL浓硫酸，冷却后稀释至250mL，摇匀。

3. 硫酸亚铁铵标准溶液的标定

准确吸取5.00mL重铬酸钾标准溶液于250mL三角瓶中，加水稀释至55mL，缓慢加入15mL浓硫酸，摇匀。冷却后加入3滴试亚铁灵指示剂，用硫酸亚铁铵溶液滴定，溶液的颜色从黄色经蓝绿色至红褐色即为终点。测定2次，浓度结果计算后取平均值。

4. 水样的测定

（1）吸取10.00mL均匀的水样，于特定磨口锥形瓶中，加入5.00mL重铬酸钾标准溶液，将冷凝管安装好并接通冷凝水，从冷凝管上口缓慢加入15mL浓硫酸-硫酸银溶液和数粒玻璃珠（以防暴沸），轻轻摇动锥形瓶使溶液混匀。缓慢加热至沸腾，继续加热2h（自开始沸腾时计时）。在此过程中，若黄色退去溶液变成绿色，应重新取样测定）。

（2）停止加热，待溶液冷却后，先用从冷凝管上端加入约45mL蒸馏水冲洗，然后取下锥形瓶。

（3）加2~3滴试亚铁灵指示剂，用硫酸亚铁铵标准溶液滴定到溶液由黄色经蓝绿刚变为红褐色为止。记录消耗的硫酸亚铁铵标准溶液的体积V_1。

（4）同时以10.00mL重蒸馏水作空白实验，其操作步骤和水样相同，记录消耗的硫酸亚铁铵标准溶液的体积V_0。

5. 原始记录

实验数据原始记录见表4-1。

表4-1　实验数据原始记录

项　目	锥形瓶编号	1	2
硫酸亚铁铵标定	滴定管终读数/mL		
	滴定管始读数/mL		
	硫酸亚铁铵溶液用量/mL		

项　目	锥形瓶编号	1	2
水样测定	取样体积/mL	10.00（水样）	00.00（空白）
	滴定管终读数/mL		
	滴定管始读数/mL		
	硫酸亚铁铵溶液用量/mL		

五、数据处理

1. 硫酸亚铁铵标准溶液浓度的计算

$$c = \frac{0.2500 \times 5.00}{V}$$

式中　c——硫酸亚铁铵标准溶液的浓度，mol/L；

V——硫酸亚铁铵标准溶液的用量，mL。

2. 水样化学需氧量的计算

$$COD(O_2,\ mg/L) = \frac{(V_0 - V_1) \cdot c \times 8 \times 1000}{V}$$

式中　c——硫酸亚铁铵标准溶液的浓度，mol/L；

V_0——滴定空白时硫酸亚铁铵标准溶液的用量，mL；

V_1——滴定水样时硫酸亚铁铵标准溶液的用量，mL；

V——水样的体积；

8——氧（½O）摩尔质量，g/mol。

六、思考题

（1）水样滴定时溶液颜色经历了哪些变化，请结合相关的化学方程式作简要说明。

（2）每次实验时，使用硫酸亚铁铵溶液时，应该注意什么？为什么？

（3）测定水样中 COD 有什么意义？

实验5　废水中硫化物的测定

　　硫化物存在于许多工业废水与天然水体之中，其能够影响水中重金属以及大多数污染物在环境中的转化和迁移。针对废水中硫化物的测定方法有光度法（亚甲基蓝分光光度法）与碘量法，其中光度法通常适用对低含量 S^{2-} 分析，即 0.4mg/L 以下的，而碘量法通常用于对高含量 S^{2-} 的分析，即 0.4mg/L 以上。废水中对硫化物的测定主要是采用碘量法，本方法适用于含硫化物在 1mg/L 以上的水和废水的测定。还原性或氧化性物质干扰测定，水中悬浮物或浑浊度高时对测定可溶态硫化物有干扰，遇此情况应进行适当处理。

　　当加入碘液和硫酸后，溶液为无色，说明硫化物含量较高，应补加适量碘标准溶液使呈淡黄棕色为止。空白实验亦应加入相同量的碘标准溶液。

一、实验目的

（1）掌握含硫废水样的固定方法；

（2）掌握碘量法滴定的基本操作；

（3）掌握碘量法测定硫化物的基本原理和操作。

二、实验原理

硫化物在酸性条件下，与过量碘作用，剩余的碘用硫代硫酸钠溶液测定。由硫代硫酸溶液所消耗的量，间接求出硫化物的量。

三、仪器与试剂

1. 仪器

25mL 酸式滴定管、250mL 锥形瓶、250mL 碘量瓶，25mL、5mL 和 1mL 移液管。

100mL 烧杯，100mL、250mL、500mL 容量瓶。

2. 试剂

（1）淀粉指示液 10g/L：称取 1g 可溶性淀粉用少量水调成糊状，再用刚煮沸水冲稀至 100mL；

（2）盐酸溶液 1∶1；

（3）乙酸锌；

（4）五水合硫代硫酸钠；

（5）重铬酸钾：优级纯（在 105℃下，干燥 2h）；

（6）1mol/L 氢氧化钠溶液：称取 4.0g 氢氧化钠溶于 50mL 水中，冷至室温，稀释至 100mL。

四、实验内容

1. 乙酸锌溶液的配制

溶解 5.5g 乙酸锌[$Zn(CH_3COO)_2 \cdot 2H_2O$]于水中，用水稀释至 50mL。此溶液浓度为 0.5mol/L。

2. 重铬酸钾标准溶液的配制

（1）准确称取 1.2258g 优级纯重铬酸钾溶于水移入 100mL 容量瓶中，用水稀释至标线，摇匀。此重铬酸钾标准溶液浓度为：$c(1/6K_2Cr_2O_7) = 0.2500mol/L$。

（2）移取 10.00mL 重铬酸钾标准溶液于 100mL 容量瓶中，用水稀释至标线，摇匀，此重铬酸钾标准溶液浓度为：$c(1/6K_2Cr_2O_7) = 0.0250mol/L$。

3. 碘标准溶液的配制

（1）碘标准溶液 $c(1/2\ I_2) = 0.1mol/L$：准确称取 1.270g 碘于烧杯中，加入 4.0g 碘化钾，加适量水搅拌至完全溶解用水稀释至 100mL，摇匀并贮存于棕色容量瓶中。

（2）碘标准溶液 $c(1/2\ I_2) = 0.01mol/L$：移取 10.00mL 碘标准溶液于 100mL 棕色容量瓶中，用水稀释至标线，摇匀，使用前配制。

4. 硫代硫酸钠标准溶液的配制与标定

（1）硫代硫酸钠标准溶液：$c(Na_2S_2O_3) = 0.01mol/L$。称取 1.3g 五水合硫代硫酸钠溶于水中稀释至 500mL，加入 0.2g 无水碳酸钠保存于棕色瓶中。

（2）标定：在250mL碘量瓶内，加入1g碘化钾及50mL水，加入的重铬酸钾标准溶液5.00mL加入（1+1）盐酸5mL，密塞混匀，置暗处静置5min，用待标定的硫代硫酸钠标准溶液滴定至溶液呈淡黄色时，加入1mL淀粉指示液继续滴定至蓝色刚好消失，记录标准液用量。同时作空白滴定。

5. 水样固定与保存

由于硫化物很容易氧化，硫化氢易从水样中溢出。因此在采集时应防止曝气，并加入一定量的乙酸锌溶液和氢氧化钠溶液，使呈碱性并生成硫化锌沉淀。具体操作如下，吸取一定量的废水样于100mL容量瓶中，用蒸馏水稀释至刻线，加入10mL乙酸锌溶液和0.1mL氢氧化钠溶液，摇匀。

6. 水样的测定

固定后的水样用滤纸过滤，将硫化锌沉淀连同滤纸转入250mL锥形瓶中，用玻璃棒搅碎，加50mL水及10.00mL碘标准溶液、5mL盐酸溶液，密塞摇匀。暗处放置5min，用0.01mol/L硫代硫酸钠标准溶液滴定至溶液呈淡黄色时，加入1mL淀粉指示剂继续滴定至蓝色刚好消失，记录用量。同时做空白实验。

五、数据处理

1. 硫代硫酸钠标准溶液量浓度的计算

$$c = \frac{5.0 \times 0.025}{V_1 - V_2}$$

式中　V_1——滴定重铬酸钾标准溶液消耗硫代硫酸钠标准溶液体积，mL；

V_2——滴定空白溶液消耗硫代硫酸钠标准溶液体积，mL；

0.025——重铬酸钾标准溶液的浓度，mol/L。

2. 水样硫化物浓度的计算

$$c_{硫化物}(mg/L) = \frac{c(V_0 - V_1) \times 16.03 \times 1000}{V}$$

式中　V_0——空白实验中硫代硫酸钠标准溶液用量，mL；

V_1——水样滴定时硫代硫酸钠标准溶液用量，mL；

V——水样体积，mL；

16.03——硫离子（1/2 S）摩尔质量，g/mol；

c——硫代硫酸钠标准溶液浓度，mol/L。

3. 实验结果

硫代硫酸钠溶液标定结果填入表5-1。样品测定结果填入表5-2。

表5-1　硫代硫酸钠溶液标定结果

编号	$c(1/6K_2Cr_2O_7)/$ (mol/L)	$V(1/6K_2Cr_2O_7)/$ mL	$V(Na_2S_2O_3)/$ mL	$c(Na_2S_2O_3)/$ (mol/L)	相对偏差/%
1					
2					
空白					
平均值					

表 5-2　样品测定结果

编号	$c(Na_2S_2O_3)/$ (mol/L)	$V_0/$ mL	$V_1(Na_2S_2O_3)/$ mL	硫化物/ (mol/L)	相对偏差/%
1					
2					
空白					
平均值					

4. 写出实验报告

六、思考题

（1）水中的硫化物有哪些危害？

（2）测定水中硫化物为什么要对水样预处理？

实验 6　废水中碱度的测定

水中的碱度指水中所含能接受质子的物质的总量，即水中所有能与强酸定量作用的物质的总量。而水中的酸度是指水中的所含能够给出质子的物质的总量，即水中所有能与强碱定量作用的物质的总量。碱度和酸度都是水质综合性特征指标之一。当水中碱度或酸度的组成成分为已知时，可用具体物质的量来表示碱度或酸度。水中酸度、碱度的测定在评价水环境中污染物质的迁移转化规律和研究水体的缓冲容量等方面有重要的实际意义。

水中的碱度主要有三类，第一类是强碱，如 $Ca(OH)_2$、$NaOH$ 等，在水中全部离解成 OH^-；第二类是弱碱，如 NH_3、$C_6H_5NH_2$ 等，在水中部分离解成 OH^-；第三类是强碱弱酸盐，如 Na_2CO_3、$NaHCO_3$ 等在水中部分水解产生 OH^-。在特殊情况下，强碱弱酸盐碱度还包括磷酸盐、硅酸盐、硼酸盐等，但它们在天然水中的含量往往不多，常可忽略不计。

一般水中碱度主要有重碳酸盐（HCO_3^-）碱度、碳酸盐（CO_3^{2-}）碱度和氢氧化物（OH^-）碱度。这些碱度与水中 pH 值有关，一般 pH>10 时主要是 OH^- 碱度，碳酸盐水解也可以使溶液 pH 值达到 10 以上。按碳酸平衡规律，pH = 8.3~10 以上，存在 CO_3^{2-} 碱度，而 pH = 4.5~10 以上，存在碱度。在 pH≈8.31 时，CO_3^{2-} 就全部转化为 HCO_3^-，而 pH = 12.5，HCO_3^- 又全部转化为 CO_3^{2-}。pH<4.5 时，主要是 H_2CO_3，可认为碱度=0。

水中可能存在的碱度组成有 5 类，如下：

（1）OH^- 碱度；

（2）OH^- 和 CO_3^{2-} 碱度；

（3）CO_3^{2-} 碱度；

（4）CO_3^{2-} 和 HCO_3^- 碱度；

（5）HCO_3^- 碱度。

一般假设水中 HCO_3^- 和 OH^- 碱度不能同时存在。

对于 pH<8.3 的天然水中主要含有 HCO_3^-，而 pH 值略大于 8.3 的天然水、生活污水中除有 HCO_3^- 外还有 CO_3^{2-}，而工业废水中如造纸、制革废水、石灰软化的锅炉水中主要有 OH^- 和

CO_3^{2-} 碱度。

碱度的测定在水处理工程实践中，如饮用水、锅炉用水、农田灌溉用水和其他用水中应用很普遍。碱度又常作为混凝效果、水质稳定和管道腐蚀控制的依据以及废水好氧厌氧处理设备良好运行的条件等。

一、实验目的

(1) 学会滴定管的准备、使用和滴定操作技术。

(2) 了解标准溶液的配制方法，学会标定标准溶液浓度的方法。

(3) 通过实验掌握水中碱度测定的方法，学会滴定终点的判断。

二、实验原理

采用连续滴定法测定水中碱度。首先以酚酞为指示剂，用盐酸标准溶液滴定至终点时溶液由红色变为无色，用量为 $P(mL)$；接着以甲基橙为指示剂，继续用同浓度盐酸标准溶液滴定至溶液由橘黄色变为橘红色，用量为 $M(mL)$。如果 $P>M$，则有 OH^- 和 CO_3^{2-} 碱度；$P<M$，则有 CO_3^{2-} 和 HCO_3^- 碱度；$P=M$，则只有 CO_3^{2-} 碱度；如 $P>0$，$M=0$，则只有 OH^- 碱度；如 $P=0$，$M>0$，则只有 HCO_3^- 碱度。根据盐酸标准溶液浓度和用量(P 和 M)，求出水中的碱度。

三、仪器与试剂

(1) 仪器

电子天平、50mL 酸式滴定管、250mL 锥形瓶、50mL 移液管、100mL 烧杯 1 只、500mL 容量瓶 1 个。

(2) 试剂

无 CO_2 蒸馏水、盐酸、无水碳酸钠、酚酞指示剂、甲基橙指示剂。

四、实验内容

1. 无水碳酸钠 Na_2CO_3 的称量与溶液配制

取在 180℃ 下烘 2h 并在干燥器中冷却至室温的无水 Na_2CO_3，用差减法准确称取约 0.4～0.5g(记录 W_1、W_2 的准确质量，精确到 0.0001g)，放入 100mL 烧杯中，转移至 100mL 容量瓶中，用无 CO_2 蒸馏水稀释至刻度，摇匀，待用。

2. 0.1mol/L HCl 溶液的配制

用 5mL 吸量管吸取 4.2mL 浓度为 12mol/L 浓盐酸 HCl 溶液，放入 500mL 容量瓶中，用无 CO_2 蒸馏水稀释至刻度，摇匀，待用。即得近似 0.1mol/L 的盐酸。为知其准确浓度，必须用上述无水碳酸钠 Na_2CO_3 标准溶液标定。

3. 0.1mol/L HCl 标准溶液的标定

用移液管取 25.00mL 上述无水 Na_2CO_3 标准溶液的 3 份，分别转移至 3 个 250mL 锥形瓶中，加 1～2 滴甲基橙指示剂，用 HCl 标准溶液滴定至溶液由橙黄色变为淡橙红色为终点。记录消耗 HCl 溶液的量 $V_{HCl}(mL)$，根据 Na_2CO_3 基准物质的质量，计算 HCl 溶液的量浓度(mol/L)。

4. 水样的测定

（1）用移液管吸取 3 份水样，每份水样 25.00mL，蒸馏水 25.00mL，分别放入 4 个 250mL 锥形瓶中，加入 2 滴酚酞指示剂，摇匀。

（2）若水样呈红色，用 0.1mol/L HCl 溶液滴定至刚好无色(可与无 CO_2 蒸馏水的锥形瓶比较)，记录用量(P)。若加酚酞指示剂后溶液无色，则不需要用 HCl 滴定，接着按下步操作。

（3）再加入甲基橙 1 滴，混匀。

（4）若水样变为橘黄色，继续用 0.1mol/L HCl 溶液滴定至刚刚变为橘红色为止(与无 CO_2 蒸馏水的锥形瓶比较)，记录用量(M)。如果加甲基橙指示剂后溶液为橘红色，则不需要用 HCl 溶液滴定。

5. 实验原始结果

无水碳酸钠称量原始记录见表 6-1，盐酸溶液的标定原始记录见表 6-2，水样测定的原始记录见表 6-3。

表 6-1　无水碳酸钠的称量结果

项　目	
称量瓶 1 次称量质量/g	
称量瓶 2 次称量质量/g	
Na_2CO_3 质量	
$W_0 = 1/4W$	

表 6-2　HCl 溶液标定结果记录

序号	1	2	3
HCl 溶液滴定初始读数/mL			
HCl 溶液滴定终点读数/mL			
HCl 溶液用量/mL			

表 6-3　水样测定结果记录

项　目	锥形瓶编号	1	2	3
酚酞指示剂	滴定管终读数/mL			
	滴定管始读数/mL			
	P/mL			
甲基橙指示剂	滴定管终读数/mL			
	滴定管始读数/mL			
	M/mL			

五、数据处理

1. HCl 溶液的量浓度的计算

$$c_{HCl} = \frac{\dfrac{W_0}{53.00} \times 1000}{V_{HCl}}$$

33

式中 c_{HCl}——HCl 标准储备溶液的量浓度，mol/L；

$\quad\quad V_{HCl}$——滴定时消耗 HCl 溶液的量，mL；

$\quad\quad W_0$——称取基准物质 Na_2CO_3 质量的 1/4，g；

53.00——基准物质 Na_2CO_3 的摩尔质量（$1/2Na_2CO_3$，g/mol）。

2. 水样碱度的计算

$$总碱度（CaO\ 计，mg/L）=\frac{c(P+M)\times28.04}{V}\times1000$$

$$总碱度（CaCO_3\ 计，mg/L）=\frac{c(P+M)\times50.05}{V}\times1000$$

式中 c——HCl 标准溶液的量浓度，mol/L；

$\quad\quad P$——酚酞为指示剂滴定终点时消耗 HCl 标准溶液的量，mL；

$\quad\quad M$——甲基橙为指示剂滴定终点时消耗 HCl 标准溶液的量，mL；

$\quad\quad V$——水样体积；

28.04——氧化钙的摩尔质量（$1/2CaO$，g/mol）；

50.05——碳酸钙的摩尔质量（$1/2CaCO_3$，g/mol）。

3. 测定结果

盐酸标定、碱度计算结果分别填入表 6-4 和表 6-5。

表 6-4　HCl 溶液标定结果

锥形瓶编号	1	2	3
HCl 溶液滴定初始读数/mL			
HCl 溶液滴定终点读数/mL			
HCl 溶液用量/mL			
HCl 标准溶液的量浓度*/(mol/L)			
平均量浓度*/(mol/L)			
绝对偏差			
平均偏差			
相对平均偏差			

注：* 表示 4 位有效数字。

表 6-5　碱度测定结果

锥形瓶编号	1	2	3
酚酞指示剂 P/mL			
甲基橙指示剂 M/mL			
$P+M$/mL			
总碱度（CaO 计，mg/L）			
平均值（CaO 计，mg/L）			
绝对偏差			
平均偏差			
相对平均偏差			

锥形瓶编号	1	2	3
总碱度(CaCO$_3$计，mg/L)			
平均值(CaCO$_3$计，mg/L)			
绝对偏差			
平均偏差			
相对平均偏差			

4. 写出实验报告

六、思考题

（1）请根据实验数据，判断水样中有何种碱度。

（2）为什么水样直接以甲基橙为指示剂，用酸标准溶液滴定至终点，所得碱度是总碱度？

（3）计算 HCl(相对密度 1.19，含量为 37%)的物质量浓度 c(HCl)。

实验 7　水中铁的测定

地壳中含铁量(Fe)约为 5.6%，分布很广，但天然水体中铁含量并不高。实际水样中铁的存在形态是多种多样的，可以在其溶液中以简单的水合离子和复杂的无机、有机络合物形式存在。也可以存在于胶体，悬浮物和颗粒物中，可能是二价，也可能是三价。而且水样暴露于空气中，二价铁易被迅速氧化为三价，样品 pH>3.5 时，易导致高价铁的水解沉淀。样品在保存和运输过程中，水中细菌的繁殖也会改变铁的存在形态。样品的不稳定性和不均匀性对分析结果影响颇大，因此必须仔细进行样品的预处理。

铁及其化合物均为低毒性和微毒性，含铁量高的水往往带黄色，有铁腥味。作为印染、纺织、造纸等工业用水时，则会在产品上形成黄斑，影响质量，因此这些工业用水的铁含量必须在 0.1mg/L 以下。水中铁的污染来源主要是选矿、冶炼、炼铁、机械加工、工业电镀、酸洗废水等。

铁测定方法有原子吸收法、邻菲啰啉光度法、EDTA 络合滴定法等。原子吸收法操作简单、快速，结果的精密度、准确度好，适用于环境水样和废水水样的分析；邻菲啰啉光度法灵敏、可靠，适用于清洁环境水样和轻度污染水的分析；对于污染严重，含铁量高的废水，可用 EDTA 络合滴定法。避免高倍数稀释操作引起的误差。

测总铁，在采样后立刻用盐酸酸化至 pH=1 保存；测过滤性铁，应在采样现场经 0.45μm 的滤膜过滤，滤液用盐酸酸化至 pH=1；测亚铁的样品，最好在现场显色测定。

在建立一个新的光度法时，必须进行一系列试验，包括显色化合物的吸收光谱曲线(简称吸收光谱)的绘制、选择合适的测定波长、显色剂浓度和溶液 pH 值的选择及显色化合物的影响等，以使测定结果有较高的灵敏度和准确度；此外，还要研究显色化合物符合朗伯-比尔定律的范围、干扰离子的影响及其排除方法等。

（1）入射光波长的选择。为了使测定结果有较高的灵敏度，应选择被测物质的最大吸收波长的光作为入射光。这样，不仅灵敏度高，准确度也好。当有干扰物质存在时，不能选择最大吸收波长，可根据"吸收最大，干扰最小"的原则，来选择测定波长。

（2）显色剂用量的选择。加入过量显色剂，能保证显色反应进行完全，但过量太多，也会带来副反应。例如：增加了空白溶液的颜色，改变了组成等。显色剂的合适用量可通过实验来确定。由一列被测元素浓度相同，不同显色剂用量的溶液，分别测其吸光度，作吸光度-显色剂用量曲线，找出曲线平坦部分，选择一个合适用量即可。

（3）有色配合物的稳定性。有色配合物的颜色应当稳定足够的时间，至少应保证在测定过程中，吸收度不变，以保证测定结果的准确度。

（4）溶液酸度的选择。因为许多有色物质其颜色随溶液的 pH 值而改变，例如酸碱指示剂的颜色与 pH 值有关。某些金属离子在酸度较低时，会产生水解，影响测定。另一些显色剂阴离子在较高氢离子浓度下，会与 H^+ 结合而降低显色剂浓度等。选择合适的酸度，可以在不同 pH 值的缓冲溶液中，加入等量被测离子和显色剂，测其吸光度，由 A-pH 图中寻找合适的 pH 值范围。

（5）干扰的排除。当被测组分与其他干扰组分共存时，必须采取适当措施排除干扰。一般采取以下措施：利用被测组分与干扰物化学性质的差异，可控制酸度、加掩蔽剂、氧化剂等办法消除干扰；选择合适的入射光波长，避开干扰物引入的吸光度误差；采取合适的参比溶液来抵消其他组分或试剂在测定波长下的吸收。

本实验利用分光光度计能连续变换波长的性能，测定邻二氮菲-Fe^{2+} 的吸收光谱，并对相关测定条件进行考察。邻二氮菲-Fe^{2+} 吸收光谱中的 λ_{max} 确定后，还需掌握在 λ_{max} 处显色剂用量、溶液 pH 值、显色时间、显色温度、显色化合物的稳定性以及溶液酸度的影响等，此外还要了解测定方法的适用范围、准确度、灵敏度等。本实验以水中微量铁（Fe^{2+}）与邻二氮菲反应的几个条件试验为例，使学生学会如何确定测定条件和如何研究一个分光光度方法。

使用分光光度计需要注意以下事项：

（1）为了防止光电管疲劳，不测定时必须将比色皿暗箱盖打开使光路切断，不让光电管连续照光太长，以延长光电管的使用寿命。

（2）在拿比色皿时只能拿住毛玻璃的两面，比色皿放入比色皿座架前应用细软而吸水的纸将外壁擦干，擦干时应注意保护其透光面勿使其产生斑痕，否则要影响透光度。另外，还应注意比色皿内不得黏附小气泡，否则影响透光率。

（3）测定时比色皿要用待测溶液冲洗几次，避免待测溶液浓度的改变。每次实验完毕，比色皿一定要用蒸馏水洗干净，如比色皿被有机试剂染上颜色而用水不能吸去时，则可用盐酸-乙醇（1∶2）洗涤浸泡，然后再用蒸馏水冲洗干净。洗涤比色皿不能用碱液及过强氧化剂（如 $K_2Cr_2O_7-H_2SO_4$ 洗涤液）洗涤，也不能用毛刷清洗，以免损伤比色皿的光学表面。

一、实验目的

（1）熟悉分光光度计的使用方法；
（2）熟悉测绘吸收光谱的一般方法；
（3）学会吸收光谱法中测定条件的选择方法；
（4）掌握用分光光度法测定铁的原理及方法。

二、实验原理

邻二氮菲是测定铁的一种很好的显色剂，在 pH = 2~9 时（一般维持 5~6），它与二价铁

生成稳定的红色络合物

其中，$\lg K_{稳}=21.3$，在 508nm 下摩尔吸光系数 $\varepsilon=1.1\times10^4 L/(mol\cdot cm)$。

用标准曲线法可求得水样中 Fe^{2+} 的含量。用盐酸羟胺将 Fe^{3+} 还原为 Fe^{2+}，用邻二氮菲作显色剂，可测定试样中总铁、Fe^{3+} 和 Fe^{2+} 各自含量。

$$2Fe^{3+}+2NH_2OH\cdot HCl\longrightarrow 2Fe^{2+}+N_2\uparrow+4H^++2H_2O+2Cl^-$$

本法选择性高，相当于铁量 40 倍的 Sn^{2+}、Al^{3+}、Ca^{2+}、Mg^{2+}、Zn^{2+}、Si^{2+}；20 倍的 Cr^{6+}、V^{5+}、P^{5+}；5 倍的 Co^{2+}、Ni^{2+}、Cu^{2+}，不干扰测定。

三、仪器与试剂

1. 仪器

721 可见分光光度计，100mL、250mL 容量瓶，50mL 具塞磨口比色管，1mL、2mL、5mL 吸量管，坐标纸。

2. 试剂

(1) 硫酸亚铁铵 $(NH_4)_2Fe(SO_4)_2\cdot 6H_2O$：分析纯；

(2) 10%(m/V)盐酸羟胺 $(NH_2OH\cdot HCl)$ 水溶液：称取 5g 盐酸羟胺加水稀释至 50mL，实验前配制；

(3) 0.15%(m/V)邻二氮菲水溶液：称取 0.15g 邻二氮菲加水稀释至 100mL，实验前配制；

(4) 乙酸钠：分析纯；

(5) 冰乙酸：分析纯；

(6) NaOH：1mol/L；

(7) 含铁水样：总铁含量在 5~10mg/L。

四、实验内容

1. 铁标准溶液的配制

(1) 铁标准贮备液 $(Fe^{2+}=250\mu g/mL)$ 的配制

准确称取 0.1756g 分析纯硫酸亚铁铵 $(NH_4)_2Fe(SO_4)_2\cdot 6H_2O$ 放入烧杯中，加入 30mL 左右水溶解，加入 1mL 浓盐酸，溶解后移入 100mL 容量瓶中，用去离子水稀释至刻度，混匀。Fe^{2+} 的量浓度为 $4.48\times10^{-3}mol/L$。

(2) 铁标准溶液 $(Fe^{2+}=25\mu g/mL)$ 的配制

用移液管取 10.00mL 浓度为 $250\mu g/mL$ 铁标准溶液至 100mL 容量瓶中，用去离子水稀释至刻度。此溶液铁含量为 $25\mu g/mL$。

2. 缓冲溶液(pH=4.6)的配制

将 17g 乙酸钠溶于约 100mL 蒸馏水中，加入 7.2mL 冰乙酸稀释至 250mL。

3. 吸收光谱的绘制

（1）吸取 3.00mL 铁标准溶液（$Fe^{2+}=25\mu g/mL$）。同时取 3.00mL 去离子水（空白试验）分别放入 50mL 比色管中，加入 1.0mL10% $NH_2OH \cdot HCl$ 溶液，混匀。放置 2min 后，加入 2.0mL 0.15%（m/V）邻二氮菲水溶液和 5.0mL 缓冲溶液，用水稀释至刻度，混匀。放置 10min。

（2）在 721 型分光光度计上，将邻二氮菲-Fe^{2+}和空白溶液分别盛与 1cm 的比色皿中，安放于仪器中比色皿架上。按仪器的使用方法操作，从 420~560nm，每隔 10nm 测定一次。每次用空白溶液调零，测定邻二氮菲-Fe^{2+}溶液的吸光度值。

吸收峰 510nm 附近，再每隔 2nm 测定一点。

用表 7-1 记录不同波长处的吸光度值。

4. 显色剂用量的确定

（1）依次吸取 3.00mL 铁标准溶液（$Fe^{2+}=25\mu g/mL$）和 1.0mL10% $NH_2OH \cdot HCl$ 溶液各 7 份，放入 7 个 50mL 比色管中，混匀。放置 2min 后，分别加入 0.0（空白试验）、0.10、0.30、0.50、1.00、2.00、4.00mL 0.15%（m/V）邻二氮菲水溶液和 5.0mL 缓冲溶液，用水稀释至刻度，混匀。放置 10min。

（2）在 721 型分光光度计上，在 1cm 的比色皿中，以不含显色剂溶液为空白，在 λ_{max} 处测定吸光度值，记录吸光度测定结果在表 7-2。

5. 标准曲线的绘制

（1）用吸量管准确吸取铁标准溶液（$Fe^{2+}=25\mu g/mL$）0.00（空白试验）、1.00、2.00、3.00、4.00、5.00mL，分别放入 6 个 50mL 比色管中。各加入 1mL1.0mL10% $NH_2OH \cdot HCl$ 溶液，混匀。放置 2min 后，再各加入 2.00mL 0.15%（m/V）邻二氮菲水溶液和 5.0mL 缓冲溶液，用水稀释至刻度，混匀。放置 10min。

（2）在 721 型分光光度计上，在 λ_{max} 处测定处，用 1cm 的比色皿，以"空白试验"调零，测定各溶液的吸光度值，记录吸光度测定结果在表 7-3。

6. 水样中铁含量的测定

用移液管吸取 5.0、10.0、15.0mL 水样，分别放入 3 个 50mL 比色管中，接着按绘制标准曲线程序测定吸光度值。记录吸光度测定结果在表 7-4。

五、数据处理

1. 最大吸收波长的确定

以波长为横坐标，对应吸光度为纵坐标，将测得值逐个描绘在坐标纸上，并连成光滑曲线，即得吸收光谱。从曲线上查得溶液的最大吸收波长 λ_{max}，并标出。该波长即为测量铁的测量波长（又称工作波长）。

表 7-1　吸收光谱记录

波长 λ/nm	450	460	470	480	490	500	510	520	530	540	550	560
吸光度 A												

波长 λ/nm	502	504	506	508	510	512	514	516	518
吸光度 A									

2. 显色剂用量的确定

在坐标纸上，以邻二氮菲的加入量（mL）为横坐标，对应的吸光度值为纵坐标，绘制显色剂用量-吸光度关系曲线。从中找出适宜的显色剂用量。

表 7-2　显色剂用量的确定

0.15%邻二氮菲/mL	0.10	0.30	0.50	1.0	2.0	4.0
吸光度值 A						
适宜的显色剂用量/mL						

3. 标准曲线的绘制

以吸光度 A 为纵坐标，铁含量（mL、μg、或 mg/L）为横坐标绘制标准曲线。

表 7-3　标准曲线绘制（终体积 50mL、$Fe^{2+} = 25μg/mL$）

铁标液加入量/mL	0.0	1.0	2.0	3.0	4.0	5.0
Fe 含量/μg	0.0	25	50	75	100	125
吸光度值 A						

4. 水样中铁含量的测定

在标准曲线上查出水样中铁含量，并计算：

$$铁（mg/L） = \frac{m}{V}$$

式中　m——标准曲线上查出铁的含量，μg；

　　　V——水样体积，mL。

表 7-4　水样测定结果

取水样体积/mL	5.0	10.0	15.0
吸光度值			
Fe 含量/μg			
Fe 含量/（mg/L）			

5. 写出实验报告

六、思考题

（1）本实验中配制铁标准溶液的硫酸亚铁铵是分析纯试剂，显色时为什么还要加盐酸羟胺？

（2）本实验中吸取各溶液时，哪些应用移液管或吸量管？哪些可用量筒？为什么？

（3）为什么更换测定波长时，需要用参比溶液重新调节透光率至 100% 后再测定？

（4）本实验中使用的分光光度计测量的最大吸收波长与理论值 $λ_{max} = 508nm$ 是否有差别？如有差别，请解释原因。

（5）水样测定取样体积不同时，对测定结果是否有影响？为什么？哪个取样量最佳？

实验 8　水中挥发酚的测定

酚类为高毒物质，对人和动植物都会产生不小的伤害。因此，对于酚类的监测尤为重要。根据酚类能否与水蒸气一起蒸出，分为挥发酚和不挥发酚。通常认为沸点在 230℃ 以下为挥发酚，一般为一元酚；沸点在 230℃ 以上为不挥发酚。苯酚、甲酚、二甲酚均为挥发酚，二元酚、多元酚属不挥发酚。酚类为原生质毒，属高毒物质，人体摄入一定量会出现急性中毒症状；长期饮用被酚污染的水，可引起头痛、出疹、贫血及各种神经系统症状。当水中含酚 0.1~0.2mg/L，鱼肉有异味；大于 5mg/L 时，鱼中毒死亡。含酚浓度高的废水不宜用于农田灌溉，否则会使农作物枯死或减产。酚的主要污染源有煤气洗涤、炼焦、合成氨、造纸、木材防腐和化工行业的工业废水。挥发酚是水质监测中重要的监测项目之一。

水体中挥发酚的测定方法通常有 4-氨基安替比林法 (包括萃取分光光度法与直接分光光度法) 和溴化滴定法。地表水、地下水和饮用水宜用萃取分光光度法测定，测定限为 0.0003mg/L，测定下限为 0.001mg/L，测定上限为 0.04mg/L。

工业废水和生活污水宜用直接分光光度法测定，检出限为 0.01mg/L，测定下限为 0.04mg/L，测定上限为 2.50mg/L。对于质量浓度高于标准测定上限的样品，可适当稀释后进行测定。

如水样含挥发酚较高，移取适量水样并加至 250mL，进行蒸馏，则在计算时应乘以稀释倍数，如水样中挥发酚浓度低于 0.5mg/L，采用 4-氨基安替比林萃取分光光度法。

当水样中含游离氯等氧化剂、硫化物、油类、芳香胺类及甲醛、亚硫酸钠等还原剂时，应在蒸馏前先做适当的预处理。

一、实验目的

(1) 了解挥发酚污染的主要来源；
(2) 了解挥发酚污染的危害；
(3) 理解废水中挥发酚的测定原理。

二、实验原理

用蒸馏法使挥发酚类化合物蒸馏出，并与干扰物质和固定剂分离，由于酚类化合物的挥发速度是随馏出体积而变化，因此，馏出体积必须与试样体积相等。

被蒸馏出的酚类化合物，于 pH=10.0±0.2 介质中，在铁氰化钾存在下，与 4-氨基安替比林反应生成橙红色的安替比林染料，显色后，在 30min 内，于 510nm 波长测定吸光度。

三、仪器与试剂

1. 仪器

(1) 可见分光光度计；
(2) 50mL (磨口) 具塞刻度管；
(3) 50mL 全玻璃蒸馏器。

2. 试剂

(1) 无酚水：于 1L 中加入 0.2g 经 200℃ 活化 0.5h 的活性炭粉末，充分振摇后，放置过夜，用双层中速滤纸过滤，滤出液储存于硬质玻璃瓶中备用。或加氢氧化钠使水呈强酸性，并滴加高锰酸钾溶液至紫红色，移入蒸馏瓶中加热蒸馏，收集馏出液备用；

(2) 硫酸铜溶液：称取 10g 硫酸铜 ($CuSO_4 \cdot 5H_2O$) 溶于水，稀释至 100mL；

(3) 甲基橙指示剂溶液：称取 0.05g 甲基橙溶液溶于 100mL 水中；

(4) 磷酸溶液：量取 10mL 85% 的磷酸用水稀释至 100mL；

（5）苯酚标准储备液：称取 1.00g 无色苯酚溶于水中，移入 1000mL 容量瓶中，稀释至标线，置于冰箱内备用；

（6）硫代硫酸钠标准溶液：称取 6.2g 硫代硫酸钠（$Na_2S_2O_3 \cdot 5H_2O$）溶于煮沸放冷的水中，加入 0.2g 碳酸钠，稀释至 1000mL，标定方法见实验 5；

（7）淀粉溶液：称取 1.0g 可溶性淀粉，用少量水调成糊状，加沸水至 100mL，冷后，置冰箱内保存；

（8）铁氰化钾 $K_3[Fe(CN)_6]$：分析纯，固体试剂易潮解、氧化，宜保存在干燥器中；

（9）4-氨基安替比林（$C_{11}H_{13}N_{30}$）：分析纯；

（10）氯化铵：分析纯；

（11）氨水：分析纯。

四、实验内容

1.8%（m/V）铁氰化钾溶液的配制

称取 8.0g 铁氰化钾溶于水，稀释至 100mL，置于冰箱内保存。可使用一周。

2.2%（m/V）4-氨基安替比林溶液的配制

称取 4-氨基安替比林 2.0g 溶于水，稀释至 100mL，置于冰箱内保存。可使用一周。

3. 缓冲溶液（pH=10.7）的配制

称取 20.0g 氯化铵（NH_4Cl）溶于 100mL 氨水中，加塞，置冰箱中保存。

4. 酚标准曲线的绘制

（1）苯酚标准中间液：取适量苯酚储备液，用水稀释至每毫升含 0.010mg 苯酚，使用时当天配制。

（2）在一组 8 支 50mL 比色管中，分别加入 0、0.50、1.00、3.00、5.00、7.00、12.00mL 苯酚标准中间液，加入至 50mL 标线。加 0.5mL 缓冲溶液，混匀，此时 pH 值为 10.0±0.2，加 4-氨基安替比林溶液 1.00mL，混匀。再加 1.0mL 铁氰化钾溶液，充分混匀，放置 10min 后立即于 510nm 波长处，用光程为 20mm 比色皿，以水为参比，测量吸光度，测定结果填入表 8-1。经空白校正后，绘制吸光度对苯酚含量（mg）的标准曲线。

5. 水样的预处理

（1）量取 250mL 水样置于蒸馏瓶中，加数粒小玻璃珠以防暴沸，再加 2 滴甲基橙指示液，用磷酸溶液调节至 pH=4（溶液呈橙红色），加 5.0mL 硫酸铜溶液（如采样时已加过硫酸铜，则适量补加）。如加入硫酸铜溶液后产生较多量的黑色硫化铜沉淀，则应摇匀后放置片刻，待沉淀后，再滴加硫酸铜溶液，至不再产生沉淀为止。

（2）连接冷凝器，加热蒸馏，至蒸馏出约 225mL 时，停止加热，放冷，向蒸馏瓶中加入 25mL 水，继续蒸馏至馏出液为 250mL 为止。

（3）蒸馏过程中，如发现甲基橙的红色褪去，应在蒸馏结束后，再加 1 滴甲基橙指示液，如发现蒸馏后残夜不呈酸性，则应重新取样，增加磷酸加入量，进行蒸馏。

6. 水样测定

分取适量馏出液于 50mL 比色管中，稀释至 50mL 标线，用与绘制标准曲线相同步骤测定吸光度，测定结果填入表 8-1 中。计算减去空白试验后的吸光度。空白试验是以水代替水样，经蒸馏后，按与水样相同的步骤测定。绘制校准曲线上并查出酚含量。

7. 原始记录

实验测定原始数据填入表 8-1。

表 8-1　标准溶液与水样测定结果

标液加入量/mL	0.0	0.50	1.0	3.0	5.0	7.0	12.0	水样空白	水样
A									

五、数据处理

1. 苯酚浓度的计算

$$苯酚(mg/L) = \frac{(V_1 - V_2)c \times 15.68}{V}$$

式中　V_1——空白试验消耗硫代硫酸钠标准溶液量，mL；

V_2——滴定苯酚标准储备液时消耗硫代硫酸钠标准溶液量，mL；

V——取苯酚标准储备液体积，mL；

c——硫代硫酸钠标准溶液浓度，mol/L；

15.68——苯酚($1/6$ C_6H_5OH)摩尔质量，g/mol。

2. 标准曲线的绘制

以吸光度 $A-A_0$ 为纵坐标，酚含量(μg)为横坐标绘制标准曲线。原始数据填入表 8-2 中。

表 8-2　标准曲线绘制

标准使用液加入量/mL	0.0	0.50	1.0	3.0	5.0	10.0	15.0
酚含量浓度/μg							
吸光度值 A							
$A-A_0$							

3. 结果计算

$$挥发酚(以苯酚计，mg/L) = \frac{m}{V} \times 1000$$

式中　m——水样吸光度经空白校正后从标准曲线上查得的苯酚含量，mg；

V——移取馏出液体积，mL。

六、思考题

(1) 为什么水样中氧化剂等物质会对挥发酚测定产生影响？

(2) 为什么在采集后的样品中应及时加入磷酸？

实验 9　水中氨氮的测定

水中氮化合物的多少，可作为水体受到含氮有机物污染程度的指标，反映水体受含氮化合物污染程度。几种形态的氮是氨氮、亚硝酸盐氮、硝酸盐氮、有机氮。水中的氨氮是指以游离氨(或称非离子氨，NH_3)和离子氨(NH_4^+)式存在的氮。氨氮含量较高时，对鱼类呈现毒害作用，对人体也有不同程度的危害。水中氨氮的来源主要是生活污水中含氮有机物受微生物作用分解的产物、某些工业废水及农田排水等。此外，在无氧环境中，水中存在的亚硝酸盐亦可受微生物作用，还原为氨。在有氧环境中水中氨亦可转变为亚硝酸盐，甚至继续转变为硝酸盐。因此水中的氨氮存在量对人类有重要影响，测定水中各种形态的氮化合物，有助于评价水体被污染程度和"自净"的程度，所以测定水中氨氮具有十分重要的意义。

氨氮国内的主要方法主要有：水杨酸比色法、纳氏试剂比色法以及氨气敏电极法。简单的说就是两类：比色法和电极法。

氨气敏电极法的原理为：在 pH 值大于 11 的环境下，铵根离子向氨转变，氨通过氨敏电极的疏水膜转移，造成氨敏电极的电动势的变化，仪器根据电动势的变化测量出氨氮的浓度。

滤纸中常含痕量铵盐，使用时注意用无氨水洗涤。所用玻璃器皿应避免实验室空气中氨的沾污。

方法一：纳氏试剂比色法

一、实验目的

(1) 掌握纳氏试剂比色法测定水中氨氮的原理及方法。
(2) 复习含氮化合物测定的有关内容法。

二、实验原理

纳氏试剂(K_2HgI_4)与氨在碱性条件下反应生成黄至棕色的化合物(NH_2Hg_2OI)，其色度与氨氮含量成正比，通常可在波长 420nm 测其吸光度，计算其含量。

本法最低检出限为 0.025mg/L（光度法），测定上限为 2mg/L。采用目视比色法，最低检出限为 0.02mg/L。水样作适当的预处理后，本法可适用于地表水、地下水、工业废水和生活污水的检测。

三、仪器与试剂

1. 仪器
(1) 带氮球的定氮蒸馏装置：500mL 凯氏烧瓶、氮球、直形冷凝管；
(2) 分光光度计；
(3) pH 计。

2. 试剂
本实验配制试剂用水均应为无氨水。

无氨水可选用下列方法之一进行制备：

蒸馏法。每升蒸馏水中加 0.1mL 硫酸($\rho=1.84g/mL$)，在全玻璃蒸馏器中重蒸馏，弃去 50mL 初馏液，接取其余馏出液于具塞磨口的玻璃瓶中，密塞保存。

离子交换法。使蒸馏水通过强酸性阳离子交换树脂柱，将流出液收集在带有磨口玻璃塞的玻璃瓶内，每升流出液加 10g 同样的树脂，以利于保存。

(1) 1mol/L 盐酸溶液：量取 8.5mL 盐酸[$\rho(HCl)=1.18g/mL$]于适量水中用水稀释至 100mL；

（2）1mol/L 氢氧化钠溶液：称取 4.0g 氢氧化钠溶于水中，稀释至 100mL；

（3）轻质氧化镁（MgO）：将氧化镁在 500℃下加热，以除去碳酸盐；

（4）0.05%溴百里酚蓝指示液（pH＝6.0～7.6）称取 0.50g 溴百里酚蓝溶于 500mL 水中，加入 100mL 无水乙醇，用水稀释至 1000mL；

（5）防沫剂：如石蜡碎片；

（6）硼酸：分析纯；

（7）氯化铵：优级纯；

（8）酒石酸钾钠（KNaC$_4$H$_6$O$_6$·4H$_2$O）：分析纯；

（9）纳氏试剂。可选择下列方法之一制备：

① 二氯化汞-碘化钾-氢氧化钾（HgCl$_2$-KI-KOH）溶液：

称取 15.0g 氢氧化钾（KOH），溶于 50mL 水中，冷却至室温。称取 5.0g 碘化钾（KI），溶于 10mL 水中，在搅拌下，将 2.50g 二氯化汞（HgCl$_2$）粉末分多次加入碘化钾溶液中，直到溶液呈深黄色或出现淡红色沉淀溶解缓慢时，充分搅拌混合，并改为滴加二氯化汞饱和溶液，当出现少量朱红色沉淀不再溶解时，停止滴加。

在搅拌下，将冷却的氢氧化钾溶液缓慢地加入到上述二氯化汞和碘化钾的混合液中，并稀释至 100mL，于暗处静置 24h，倾出上清液，贮于聚乙烯瓶内，用橡皮塞或聚乙烯盖子盖紧，存放暗处，可稳定 1 个月。

② 碘化汞-碘化钾-氢氧化钠（HgI$_2$-KI-NaOH）溶液：

称取 16.0g 氢氧化钠（NaOH），溶于 50mL 水中，冷却至室温。称取 7.0g 碘化钾（KI）和 10.0g 碘化汞（HgI$_2$），溶于水中，然后将此溶液在搅拌下，缓慢加入到上述 50mL 氢氧化钠溶液中，用水稀释至 100mL。贮于聚乙烯瓶内，用橡皮塞或聚乙烯盖子盖紧，于暗处存放，有效期 1 年。

四、实验内容

1. 酒石酸钾钠溶液的配制

称取 50.0g 酒石酸钾钠（KNaC$_4$H$_6$O$_6$·4H$_2$O）溶于 100mL 水中，加热煮沸以驱除氨，充分冷却后稀释至 100mL。

2. 硼酸吸收液的配制

称取 10g 硼酸溶于水，稀释至 500mL。

3. 氨氮标准溶液的配制

（1）氨氮标准贮备溶液：称取 0.3819g 经 100℃干燥 2h 过的氯化铵（NH$_4$Cl 优级纯）溶于水中，移入 100mL 容量瓶中，稀释至标线。此氨氮溶液质量浓度 1.00mg/mL，可在 2～5℃保存 1 个月。

（2）氨氮标准工作溶液：移取 5.00mL 铵标准贮备液于 500mL 容量瓶中，用水稀释至标线，此氨氮溶液质量浓度为 0.010mg/mL。注意此溶液临用时配制。

4. 标准曲线的绘制

吸取 0、0.50、1.00、3.00、5.00、7.00 和 10.00mL 铵标准使用液于 50mL 比色管中，加水至标线，加 1.0mL 酒石酸钾钠溶液，混匀。加 1.5mL 纳氏试剂，混匀。放置 10min 后，在波长 420nm 处，用光程 20mm 比色皿，以水为参比，测定吸光度。

由测得的吸光度，减去零浓度空白管的吸光度后，得到校正吸光度，绘制以氨氮含量

（mg）对校正吸光度的标准曲线。

5. 水样的预处理

取 250mL 水样（如氨氮含量较高，可取适量并加水至 250mL，使氨氮含量不超过 2.5mg），移入凯氏烧瓶中，加数滴溴百里酚蓝指示剂，用氢氧化钠溶液或盐酸溶液调节至 pH 值为 7 左右。加入 0.25g 轻质氧化镁和数粒玻璃珠，立即连接氮球和冷凝管，导管下端插入吸收液液面下。加热蒸馏，至馏出液达 200mL 时，停止蒸馏。定容至 250mL。

采用酸滴定法或纳氏比色法时，以 50mL 硼酸溶液为吸收液；采用水杨酸–次氯酸盐比色法时，改用 50mL 0.01mol/L 硫酸溶液为吸收液。

6. 水样测定

（1）分取适量经絮凝沉淀预处理后的水样（使氨氮含量不超过 0.1mg），加入 50mL 比色管中，稀释至标线，加 1mL 酒石酸钾钠溶液。另取一份水样做平行样。

（2）分取适量经蒸馏预处理后的馏出液，加入 50mL 比色管中，加一定量 1mol/L 氢氧化钠溶液以中和硼酸，稀释至标线。加 1.5mL 纳氏试剂，混匀。放置 10min 后，同标准曲线步骤测量吸光度。测定结果填入表 9-1 中。

（3）空白试验：以无氨水代替水样，作全程序空白测定。

7. 原始记录

实验测定原始数据填入表 9-1。

表 9-1　标准与水样测定结果

标液加入量/mL	0.0	0.50	1.0	3..0	5..0	7.0	10.0	水样空白	水样
A									

五、数据处理

1. 标准曲线的绘制

以吸光度 $A-A_0$ 为纵坐标，氨氮含量（mg）为横坐标绘制标准曲线。原始数据填入表 9-2。

表 9-2　标准曲线绘制

标准使用液加入量/mL	0.0	0.50	1.0	3..0	5..0	7.0	10.0
氨氮含量浓度/mg							
吸光度值 A							
$A-A_0$							

2. 结果计算

由水样测得的吸光度减去空白试验的吸光度后，从标准曲线上查得氨氮含量（mg）。

$$氨氮（N 计，mg/L）= \frac{m}{V} \times 1000$$

式中　m——由校准曲线查得的氨氮量，mg；

　　　V——水样体积，mL。

六、思考题

（1）水样中余氯会不会干扰测定？如何消除？

(2) 影响氨氮测定的因素有哪些？

方法二：水杨酸-次氯酸盐比色法

一、实验目的

(1) 掌握水杨酸-次氯酸盐比色法测定氨氮测定原理和方法；
(2) 能够熟练掌握分光光度计的使用和操作。

二、实验原理

在亚硝基五氰络铁(Ⅲ)酸钠(硝普钠)的存在下，铵与水杨酸盐和次氯酸离子反应生成蓝色化合物，在 697nm 的波长下用分光光度计测定。

在 pH=11.7 有硝普钠存在下，氯胺与水杨酸钠发生反应，所有样品中的氯胺都定量地被测定。加酒石酸钾钠掩蔽阳离子特别是钙镁的干扰。

三、仪器与试剂

1. 仪器
(1) 带氮球的定氮蒸馏装置；
(2) 可见分光光度计；
(3) pH 计。

2. 试剂
(1) 无氨水：向蒸馏水中加入硫酸至 pH<2，使水中各种型体的氨或胺最终都变成不挥发的盐类。进行重蒸馏，收集馏出液即得，密塞保存。所有试剂配制和稀释均用无氨水。
(2) 氯化铵 NH_4Cl：分析纯。在 105℃ 至少干燥 2h。
(3) 0.01mol/L 硫酸溶液。
(4) 水杨酸 $C_6H_4(OH)COOH$：分析纯。
(5) 酒石酸钾钠 $KNaC_4H_4O_6 \cdot 4H_2O$：分析纯。
(6) 次氯酸钠原液。
(7) 亚硝基五氰络铁酸钠二水合物 $Na_2[Fe(CN)_6NO] \cdot 2H_2O$：分析纯。
(8) 氢氧化钾：分析纯。
(9) 2mol/L 氢氧化钠溶液：用托盘天平称取 8.0g 氢氧化钠固体，加水稀释至 100mL。

四、实验内容

1. 铵标准使用溶液的配制
(1) 铵标准贮备液：称取 0.3819g 在 105℃ 至少干燥 2h 后的无水氯化铵 NH_4Cl 于 100mL 烧杯中，加少量水溶解，转移至 100mL 容量瓶中，稀释至刻度。此溶液含氨氮 1.00mg/mL。
(2) 铵标准使用液：吸取铵标准贮备液 5.00mL，放入 500mL 容量瓶中，稀释至刻度。此溶液含氨氮 NH_3-N 10.0μg/mL。

2. 显色剂的配制
称取 5.0g 水杨酸，加入约 10mL 水，再加入 16mL 2mol/L 氢氧化钠溶液，搅拌使之完全溶解；再称取 5.0g 酒石酸钾钠于水中，与上述溶液合并移入 100mL 容量瓶中，加水稀释至标线。存放于棕色玻璃瓶中，本试剂至少稳定一个月。若水杨酸未能全部溶解，可再加入数毫升 2mol/L 氢氧化钠溶液，直至完全溶解为止；最后溶液的 pH 值为 6.0~6.5。

3. 次氯酸钠溶液的配制

取次氯酸钠溶液 1.7mL，加入 2mol/L 氢氧化钠溶液 7.5mL，加水稀释至 25mL，配成含有效氯浓度为 0.35%(m/V)，游离碱浓度为 0.75mol/L(以 NaOH 计)的次氯酸钠溶液。存放于棕色滴瓶内，本试剂可稳定一星期。

4. 亚硝基五氰络铁(Ⅲ)酸钠溶液的配制

称取约 0.1g 亚硝基五氰络铁酸钠二水合物 $Na_2[Fe(CN)_6NO]2H_2O$ 置于 10mL 比色管中，加水至标线，密塞，充分振荡，使之溶解。此溶液临用前配制。

5. 清洗溶液的配制

将 100g 氢氧化钾溶于 100mL 水中，冷却溶液并加 900mL 95%(V/V) 的乙醇。溶液贮存在聚乙烯瓶内。实验所用玻璃器皿需用清洗溶液洗涤，然后用无氨水冲洗干净。

6. 标准曲线的绘制

吸取 0、0.50、1.0、1.5、2.0、2.5mL 氨氮标准溶液于 50mL 比色管中，用水稀释至 40mL，加入 5.0mL 显色剂和 10 滴硝普钠溶液，混匀。再滴入 10 滴次氯酸钠溶液，稀释至标线，充分混匀。放置至少 60min 后，用 10mm 比色皿，以水为参比，在 697nm 的最大吸收波长处测定溶液的吸光度。

从各个校准溶液测得的吸光度值扣除空白试验的吸光度，绘制吸光度对氨氮含量对校正吸光度的校正曲线。

7. 水样预蒸馏

如果水样的颜色或浊度较高时，则应预先用蒸馏法将 NH_3 蒸出，再用水杨酸-次氯酸盐比色法测定。蒸馏方法参见方法一，纳氏试剂比色法。

8. 水样的测定

用移液管吸取 25.0mL 水样，分别放入 2 个 50mL 比色管中，用无氨水稀释至 40mL 左右。接着按绘制标准曲线程序测定吸光度值。记录吸光度测定结果在表 9-3。

五、数据处理

1. 标准曲线的绘制

以吸光度 A 为纵坐标，氨氮含量(μg)为横坐标绘制标准曲线。原始数据填入表 9-3 中。

表 9-3　标准溶液测定结果

氨氮标液加入量/mL	0.0	0.5	1.0	1.5	2.0	2.5
氨氮含量/μg	0	5.0	10	15	20	25
吸光度值 A						
$A-A_0$						

2. 水样的测定

在标准曲线上查出水样中氨氮含量，并计算。水样测定结果填入表 9-4 中。

$$氨氮(mg/L) = \frac{m}{V_水}$$

式中　m——标准曲线上查出氨氮的含量，μg；

$V_水$——水样体积，mL。

水样测定结果填入表9-4中。

表9-4　水样测定结果

取水样体积/mL	25.0	25.0	0.0(空白)
吸光度值			
氨氮含量/μg			—
氨氮含量/(mg/L)			—

3. 写出实验报告

六、思考题

(1) 水样预蒸馏结束之前，为什么要将导管离开液面之后，再停止加热？

(2) 简述纳氏试剂比色法测定氨氮的原理。

实验10　水中六价铬的测定

天然水中一般仅含微量的铬，通过河流输送入海，沉于海底。海水中的铬含量不到 $1×10^{-9}$。据试验，水中含铬在 $1×10^{-6}$ 时可刺激作物生长，$1×10^{-6}\sim10×10^{-6}$ 时会使作物生长减缓，到 $100×10^{-6}$ 时则几乎完全使作物停止生长，濒于死亡。废水中含有铬化合物，能降低废水生化处理效率。

三价铬和六价铬对水生生物都有致死作用。水体中的三价铬主要被吸附在固体物质上而存在于沉积物中；六价铬则多溶于水中。六价铬在水体中是稳定的，但在厌氧条件下可还原为三价铬。三价铬的盐类可在中性或弱碱性溶液中水解，生成不溶于水的氢氧化铬而沉入水底。三价铬在天然水中也可被氧化，但速率很低。环境中的三价铬和六价铬可以互相转化。

三价铬和六价铬对人体健康都有害，被怀疑有致癌作用。一般认为六价铬的毒性强，更易为人体吸收，而且可在体内蓄积。六价铬的毒性比三价铬要高100倍，是强致突变物质，可诱发肺癌和鼻咽癌。三价铬有致畸作用。

用于测定铬的玻璃器皿不能用重铬酸钾洗液洗涤。

Cr^{6+} 与显色剂的显色反应一般控制酸度在 $0.05\sim0.3mol/L(1/2\ H_2SO_4)$ 范围，以 $0.2mol/L$ 时显色最好。显色前，水样应调至中性。显色温度和放置时间对显色有影响，在15℃时，$5\sim15min$ 颜色即可稳定。

一、实验目的

(1) 掌握六价铬和总铬的测定原理及方法。

(2) 熟练应用分光光度计。

二、实验原理

废水中铬的测定常用分光光度法，在酸性溶液中，六价铬离子与二苯碳酰二肼反应，生成紫红色化合物，其最大吸收波长为540nm，吸光度与浓度的关系符合比尔定律。如果测定总铬，需先用高锰酸钾将水样中的三价铬氧化为六价，再用本法测定。

三、仪器与试剂

1. 仪器

（1）分光光度计，比色皿（1cm、3cm）。

（2）50mL 具塞比色管，移液管，容量瓶等。

2. 试剂

（1）丙酮：分析纯。

（2）硫酸：分析纯。

（3）磷酸：分析纯。

（4）0.2%（m/V）氢氧化钠溶液。

（5）氢氧化锌共沉淀剂：称取硫酸锌（$ZnSO_4 \cdot 7H_2O$）80g，溶于1000mL水中；称取氢氧化钠24g，溶于1200mL水中。将以上两溶液混合。

（6）4%（m/V）高锰酸钾溶液。

（7）20%（m/V）尿素溶液。

（8）2%（m/V）亚硝酸钠溶液。

四、实验内容

1. 二苯碳酰二肼溶液的配制

称取二苯碳酰二肼（简称 DPC，$C_{13}H_{14}N_4O$）0.2g，溶于25mL丙酮中，加水稀释至50mL，摇匀，贮于棕色瓶内，置于冰箱中保存。颜色变深后不能再用。

2. 水样预处理

（1）对不含悬浮物、低色度的清洁地面水，可直接进行测定。

（2）如果水样有色但不深，可进行色度校正。即另取一份试样，加入除显色剂以外的各种试剂，以2mL丙酮代替显色剂，用此溶液为测定试样溶液吸光度的参比溶液。

（3）对浑浊、色度较深的水样，应加入氢氧化锌共沉淀剂并进行过滤处理。

（4）水样中存在次氯酸盐等氧化性物质时，干扰测定，可加入尿素和亚硝酸钠消除。

（5）水样中存在低价铁、亚硫酸盐、硫化物等还原性物质时，可将 Cr^{6+} 还原为 Cr^{3+}，此时，调节水样 pH 值至8，加入显色剂溶液，放置5min后再酸化显色，并以同法作标准曲线。

3. 硫磷混酸溶液的配制

取10mL蒸馏水于100mL烧杯中，缓慢加入5mL磷酸，搅拌均匀，再加入5mL硫酸，搅拌均匀，冷却至室温。

4. 铬标准溶液的配制

（1）铬标准贮备液：称取于110℃干燥2h的重铬酸钾（优级纯）0.2829g，用水溶解，移入500mL容量瓶中，用水稀释至标线，摇匀。每毫升贮备液含0.20mg六价铬。

（2）铬标准使用液：吸取5.00mL铬标准贮备液于500mL容量瓶中，用水稀释至标线，摇匀。每毫升标准使用液含2.00μg六价铬。使用当天配制。

5. 标准曲线的绘制

取6支50mL比色管，依次加入0、1.00、2.00、3.00、4.00、5.00mL铬标准使用液，用水稀释至刻度，加入硫磷酸1.0mL，摇匀。加入2.0mL显色剂溶液，摇匀。10min后，于

49

540nm 波长处，用 1cm 或 3cm 比色皿，以水为参比，测定吸光度并作空白校正。以吸光度为纵坐标，相应六价铬含量为横坐标绘出标准曲线。

6. 水样测定

取消解处理后的水样 25mL，加水稀释至刻度，以下按绘制校准曲线的步骤进行显色和测量。减去空白实验的吸光度，并从校准曲线上查出含铬量。

7. 原始记录

实验测定原始数据填入表 10-1。

表 10-1　标样与水样测定结果

标液加入量/mL	0.0	1.00	2.00	3.00	4.00	5.00	空白	水样 1	水样 2
A									

五、数据处理

1. 标准曲线的绘制

以吸光度 $A-A_0$ 为纵坐标，铬含量（μg）为横坐标绘制标准曲线，原始数据填入表 10-2 中。

表 10-2　标准曲线绘制

标准溶液加入量/mL	0.0	1.00	2.00	3.00	4.00	5.00
铬含量/μg	0	2.0	4.0	6.0	8.0	10.0
吸光度值 A						
$A-A_0$						

2. 结果计算

$$铬(mg/L) = \frac{m}{V}$$

式中　m——由校准曲线查得铬含量，μg；

　　　V——水样体积，mL。

六、思考题

（1）如果污水中含有较多的有机物，应该如何处理?

（2）测总铬时，若加入高锰酸钾过量，应该如何处理?

实验 11　水中苯系化合物的测定

苯系化合物（BTEX）包括苯、甲苯、邻二甲苯、间二甲苯、对二甲苯、乙苯等化合物。苯系物为无色浅黄色透明油状液体，具有强烈芳香的气体，易挥发为蒸气，易燃有毒，是煤焦油分馏或石油的裂解产物。目前室内装饰中多用甲苯、二甲苯代替纯苯作各种胶油漆涂料和防水材料的溶剂或稀释剂，苯系化合物的使用量很大。苯系化合物已经被世界卫生组织确定为强烈致癌物质。

苯系物的来源广泛，比如汽车尾气，建筑装饰材料中有机溶剂，如油漆的添加剂，日常生活中常见的胶黏剂，人造板家具等都是苯系化合物的污染来源。

不同来源苯系物的组成和特性差异也较大，并且不同排放源的苯系物排放量也各不相同。在苯系物的固定排放源中，交通工具排放的苯系物占有最大比例，使用有机溶剂产生的苯系物排放量也占有相当大的比例。

在废水的污染中，苯系物废水对人类危害也很大。含苯系物的焦化废水主要来源于煤高温裂解制煤气以及冷却产生的剩余氨水废液。在煤气净化过程中，煤气终冷器和粗苯分离槽、精苯及其他石油化学工艺过程产生的排水水质成分复杂多变，且含有许多难以降解的芳香族有机物、杂环及多环化合物，处理较为困难。

苯系物测定方法有气相色谱法（GC）、气相色谱/质谱联用（GC/MS）、荧光分光光度法、膜导入质谱法等方法。其中气相色谱法、气相色谱/质谱法最常用。气相色谱质谱联用法具有高的分离能力和准确的定性鉴别能力，并能初步检出尚未分离的色谱峰，具有高灵敏度和可信度，成为痕量物质检测的基本分析方法，已经被广泛应用于环境监测领域。

气相色谱的流动相为惰性气体，气-固色谱法中以表面积大且具有一定活性的吸附剂作为固定相。当多组分的混合样品进入色谱柱后，由于吸附剂对每个组分的吸附力不同，经过一定时间后，各组分在色谱柱中的运行速度也就不同。吸附力弱的组分容易被解吸下来，最先离开色谱柱进入检测器，而吸附力最强的组分最不容易被解吸下来，因此最后离开色谱柱。如此，各组分得以在色谱柱中彼此分离，按顺序进入检测器中被检测、记录下来。

质谱分析是一种测量离子荷质比（电荷-质量比）的分析方法，其基本原理是使试样中各组分在离子源中发生电离，生成不同荷质比的带正电荷的离子，经加速电场的作用，形成离子束，进入质量分析器。在质量分析器中，再利用电场和磁场使其发生相反的速度色散，将它们分别聚焦而得到质谱图，从而确定其质量。

质谱分析对未知化合物具有独特的鉴定能力，且灵敏度极高，因此气相色谱法-质谱法联用（GC-MS）是一种结合气相色谱和质谱的特性，在试样中鉴别不同物质的方法。其主要应用于工业检测、食品安全、环境保护等众多领域。如农药残留、食品添加剂等；气质联用仪是分离和检测复杂化合物的最有力工具之一。

吹扫捕集技术是近年来发展起来的新的样品前处理技术，它适用于从液体或固体样品中萃取沸点低于200℃、溶解度小于2%的挥发性或半挥发性有机物，广泛用于食品与环境监测、临床化验等方面。吹扫捕集通常采用高纯氮气或者氦气作为吹扫气，将其通入样品溶液鼓泡。在持续的气流吹扫下，样品中的挥发性组分随吹扫气逸出，并通过一个装有吸附剂的捕集装置进行浓缩。在一定的吹扫时间之后，待测组分全部或定量地进入捕集器。此时，关闭吹扫气，由切换阀将捕集器接入 GC-MS 的载气气路，同时快速加热捕集管使捕集的样品组分解吸后随载气进入 GC-MS 进行分析。

顶空-气相色谱法因具有不使用溶剂、干扰少、准确性高、方便快捷、可重复进样等优点广为监测人员使用。利用苯系物易挥发的特性，本实验也可以结合顶空进样器的进样技术采用顶空-气相色谱法进行测定。

采用顶空-气相色谱法进行测定，气液平衡条件，即样品的平衡温度、平衡时间、气/液体积比、水中含盐量等因素对样品测定结果有很大的影响，同时取同一样品瓶中样品连续测定的次数，也对测定结果有影响。

方法一：吹扫捕集-气质联用法

一、实验目的

(1) 学习吹扫捕集仪与 GC-MS 联用测定 BTEX 的方法；
(2) 学习邻二甲苯、间二甲苯、对二甲苯等同分异构体定性分析；
(3) 学习外标法测定水中苯系化合物的方法；
(4) 了解 GC-MS 仪的基本结构。

二、实验原理

采用吹扫捕集技术对水样进行动态顶空萃取、吸附捕集、热解吸，随后待测的苯系物进入 GC-MS 仪进行定性和定量分析。

采用模拟水样得到所测定的目标物的标准曲线，样品检测时得到目标物的峰面积，通过标准曲线计算其在水中的浓度。

三、仪器与试剂

1. 仪器

(1) 吹扫捕集仪：美国 Tekmar 公司，9800 型；
(2) GC(7890A)-MS(5975C)，美国安捷伦公司；
(3) DB-5MS 毛细管柱：30m×0.25mm×0.25μm，美国安捷伦公司。

2. 试剂

苯系化合物：分析纯，Sigama 公司。

四、实验内容

1. 标准储备液的配制

取适量的苯系化合物，用纯水配制成 1000mg/L 的混合标准储备液，实验时根据需要稀释成具体浓度。

2. 模拟水样的配制

把标准储备液用纯水进一步稀释成 0.5、2、8、40、200 和 1000μg/L 的模拟水样。

3. 样品的检测

(1) 设定仪器的分析条件

吹扫捕集仪样品温度 40℃；吹扫气为高纯氮气，吹扫时间 11min，吹扫流速 40mL/min；捕集阱温度：吹扫阶段 20℃，解析预热阶段 180℃，解析阶段 200℃，烘焙阶段 220℃；解析时间 1.5min；烘焙时间 20min；传输管线温度 150℃。

GC-MS 分流进样口，分流比 10∶1；进样口温度 250℃；GC 炉温采用程序升温，40℃保持 12min，5℃/min 升至 60℃，保持 1min，10℃/min 升至 210℃，保持 5min。

(2) 模拟水样峰面积的测定

苯系化合物的 GC-MS 检测时特征峰如表 11-1 所示。

表 11-1　目标化合物的特征峰

化合物	基峰	特征峰 1	特征峰 2
苯	78	77	51
甲苯	91	92	65
二甲苯	91	106	105
乙苯	91	106	77

二甲苯的三种同分异构体出峰时间依次为对二甲苯、间二甲苯和邻二甲苯，根据特征峰和出峰时间对目标物进行定性分析。选择峰面积最大的基峰作为定量峰，记录在表 11-2，绘制标准曲线。

表 11-2　模拟水样目标物基峰的峰面积

化合物	0μg/L	0.5μg/L	2μg/L	8μg/L	40μg/L	200μg/L	1000μg/L
苯							
甲苯							
对二甲苯							
间二甲苯							
邻二甲苯							
乙苯							

（3）实际样品的测定

实际样品分析时，水样首先需要用 0.45μm 的玻璃纤维膜过滤，后面预处理过程同模拟水样，测定结果记录在表 11-3。

表 11-3　实际样品的测定

化合物	基峰峰面积	样品浓度/（μg/L）
苯		
甲苯		
对二甲苯		
间二甲苯		
邻二甲苯		
乙苯		

五、数据处理

（1）以峰面积为纵坐标，模拟水样的浓度为横坐标，作线性回归，计算目标化合物的标准曲线 $y=ax+b$，并计算相关系数。

（2）计算实际样品中目标化合物的浓度。

六、思考题

（1）简述采用纯水而非溶剂配制标准储备液的原因。

（2）简述如何从分子结构上初步判断二甲苯同分异构体出峰时间。

（3）简述质谱法定性的基本原理。

53

方法二：顶空-气相色谱法

一、实验目的

(1) 掌握气相色谱法测定苯系物的原理和操作方法。

(2) 了解顶空-气相色谱法影响因素，并掌握顶空进样的方法。

二、实验原理

顶空取样气相色谱法是在恒温的密闭容器中，水样中的苯系物在气、液两相间分配，达到平衡，取液上气相样品进行色谱分析。

气相色谱法是一种分离分析方法，它的定量分析依据是在规定的操作条件下检测组分的质量与检测器的响应信号(峰面积或峰高)成正比：

$$W_i = f_i A_i$$

式中　W_i——组分的质量；

f_i——比例常数(校正因子)；

A_i——组分 i 的峰面积。

本法是采用标准曲线法求得苯系物的含量。

三、仪器与试剂

1. 仪器

(1) 气相色谱仪，FID 检测器；毛细管柱(HP-1 柱 30m×0.32mm×0.25μm)；

(2) 顶空进样器：PE 公司 HS-40 顶空进样器；或可以满足实验要求的相关型号仪器；

(3) 顶空进样瓶：22mL，带内涂聚四氟乙烯膜的瓶盖和铝密封盖；

(4) 注射器：5μL。

2. 试剂

(1) 标准品：苯、甲苯、乙苯、对(间)二甲苯、邻二甲苯均为色谱纯；

(2) 甲醇：优级纯；

(3) 氯化钠：分析纯。

四、实验内容

1. 样品保存与测定

取水样时应使样品充满空间，不留空隙并加盖密封。样品应在冰箱中保存，7 日内处理完毕。14 日内分析完毕。

取 10mL 水样于 22mL 顶空瓶中，加入 4.0gNaCl 加盖密封。置于顶空进样器的样品盘中，按照下面 2 的要求设置顶空进样器和气相色谱分析条件，启动顶空进样器和色谱系统，以保留时间进行定性分析、以峰面积进行定量分析。

2. 实验条件的设置

(1) 色谱条件

色谱柱：初温 40℃(3min)，以 10℃/min 升至 130℃(2min)；

进样口温度：180℃；

检测器温度：150℃；

柱流量 1.0mL/min；

分流比 10：1。

（2）顶空进样器条件

样品温度 40℃，进样针温度 40℃，传输线温度 40℃，气相循环时间 20min，加热时间 40min，加压时间 0.5min，进样时间 0.5min，抽样时间 0.5min。

3. 标准系列的配制与测定

取 10mL 容量瓶，先加入适量的甲醇，根据各物质的密度用微量取样器抽取一定量苯系物标准物质，用纯水稀释至刻度，作为苯系物的储备液。

配制质量浓度为 1mg/L 的苯系物混合标准使用液，于冰箱中保存，一周内有效。

取标准混合使用液配成苯系物质量浓度分别为 10、20、40、60、80 和 100μg/L 的标准系列溶液。取不同浓度的标准系列溶液按照样品分析方法进样分析，以各组分的含量(μg/L)为横坐标，峰面积为纵坐标，分别绘制标准曲线，并计算回归方程。

五、数据处理

1. 标准曲线的绘制

以标样浓度为横坐标、峰面积为纵坐标，通过线性回归得标准曲线 $y=bx+a$ 标准溶液峰面积测定结果填入表 11-4 中。

表 11-4　标准溶液的测定结果

浓度/(μg/L)	苯	甲苯	乙苯	对二甲苯	间二甲苯	邻二甲苯
10						
20						
40						
60						
80						
100						
保留时间/min						

2. 样品测定结果

用保留时间定性、根据样品峰面积，苯系物标准曲线 $y=bx+a$，计算样品定量结果，原始数据和测定结果填入表 11-5。

表 11-5　样品测定结果

出峰序号	保留时间	峰面积	定性结果	定量结果
峰 1				
峰 2				
峰 3				
峰 4				
峰 5				
峰 6				

(1) 气相色谱仪由哪几个部分组成？
(2) 色谱分析定量方式有几种？是如何定量的？
(3) 顶空-气相色谱法的影响因素有哪些？

实验 12 水中多环芳烃的测定

多环芳烃(Polycyclic Aromatic Hydrocarbons，PAHs)是煤、石油、木材、烟草、有机高分子化合物等有机物不完全燃烧时产生的挥发性碳氢化合物，是重要的环境和食品污染物。迄今已发现有 200 多种 PAHs，其中有相当部分具有致癌性。

多环芳烃(PAHs)是指具有两个或两个以上苯环的一类有机化合物。多环芳烃是分子中含有两个以上苯环的碳氢化合物，包括萘、蒽、菲、芘等 150 余种化合物。

PAHs 广泛分布于环境中，可以在我们生活的每一个角落发现，任何有有机物加工、废弃、燃烧或使用的地方都有可能产生多环芳烃，是一大类广泛存在于环境中的有机污染物，也是最早被发现和研究的化学致癌物。

由于其毒性、生物蓄积性和半挥发性并能在环境中持久存在，而被列入典型持久性有机污染物(POPs)，受到国际上科学界的广泛关注。1976 年美国环保局提出的 129 种"优先污染物"中，PAHs 有 16 种；1990 年我国提出的水中优先控制的 68 种污染物中，PAHs 有 7 种。由于 PAHs 的水溶性极小，它们在土壤中的降解和生物可利用性受到严重限制。由于其具有较高的辛醇-水分配系数，易于分配到环境中疏水性有机物中，因此在生物体脂类中易于富集浓缩，有较高的生物富集因子(BCF)。

随着科学技术的不断进步，多环芳烃的检测方法也在不断地发展变化，从开始的柱吸附色谱、纸色谱、薄层色谱(TLC)和凝胶渗透色谱(GPC)发展到如今的气相色谱(GC)、反相高效液相色谱(RP-HPLC)，还有紫外吸收光谱(UV)和发射光谱(包括荧光、磷光和低温发光等)，还有质谱分析、核磁共振和红外光谱技术，以及各种分析方法之间的联用技术等。近几年来多环芳烃的分析方法发展迅速，出现了如微波辅助溶剂萃取、固相微萃取、超临界流体等多种新的分析技术。

本实验采用 HLB 柱和 Envi-18 柱两种固相萃取柱(SPE)串联对水样中 PAHs 进行富集，提高对目标化合物的提取效率。SPE 洗脱液浓缩后，采用 GC-MS 对样品中的 PAHs 进行定性和定量分析。

一、实验目的

(1) 学习固相萃取富集水体中 PAHs 的方法；
(2) 学习 GC-MS 对样品中 PAHs 进行定性和定量分析的方法；
(3) 学习内标法测定水中 PAHs 的方法。

二、实验原理

通过内标物的峰面积计算水体中目标 PAHs 的浓度。PAHs 这类物质只加入屈-D12、二萘嵌苯-D12 等两种替代物。步骤为：(1)通过 GC-MS 测定各物质的正己烷标样，得到替代物与目标物的响应因子。(2)在模拟水样中加入目标物，通过 5 个平行样测定 SPE 过程的绝对回收率，即 2L 水样中加入的目标物后，经过富集最后多少量转移至 0.5mL 的浓缩液。测得 PAHs 的回收率为 53.6%~87.2%。(3)实际水样测定时，在每个水样中加入 100ng/L 的替代物，经历与水样相同的富集过程。(4)利用公式 $C_x = A_x C_{su} Rec_{su}/(RRF_{x/su} A_{su} Rec_x)$ 来计算出目标物的浓度。公式中 A_x 为未知样品中目标物的峰面积；C_{su} 为替代物的浓度，为 100ng/L；Rec_{su} 为替代物的回收率；$RRF_{x/su}$ 为目标物与替代物的相对响应因子；A_{su} 为替代物的峰面积；Rec_x 为目标物的回收率。对于有替代物的物质，公式就可以简化为：$C_x = A_x C_{su}/(RRF_{x/su} A_{su})$。

三、仪器与试剂

1. 仪器
（1）固相萃取仪：美国 Supelco 公司；
（2）GC(7890A)-MS(5975C)，美国安捷伦公司。

2. 试剂
（1）PAHs 标样、屈-D12、二萘嵌苯-D12：Sigama 公司。
（2）甲醇、乙腈、二氯甲烷、正己烷：色谱纯，美国 J. T. Baker 公司。

四、实验内容

1. 模拟水样的配制
把标样和替代物用纯水进一步稀释成 200ng/L 的模拟水样。

2. 样品的富集
（1）将 HLB 柱和 Envi-18 柱依次用 5mL 二氯甲烷、甲醇和超纯水进行活化。
（2）水样经过 0.45μm 玻璃纤维滤膜过滤，取 2L 过滤后水样加入浓度 100ng/L 的萘-D8、屈-D12、二萘嵌苯-D12 作为替代物。
（3）采用 HLB 和 Envi-18 串联对水样进行固相萃取富集。水样通过 SPE 小柱的流速控制在 6mL/min。
（4）将富集水样的 HLB 和 Envi-18 分别用溶剂进行洗脱。HLB 用二氯甲烷和甲醇混合液（体积比 9∶1）10mL 分 3 次进行洗脱，Envi-18 用正己烷和二氯甲烷混合液（体积比 7∶3）10mL 分三次进行洗脱。
（5）洗脱液混合后用无水硫酸钠进行脱水，用旋转蒸发仪和氮吹仪浓缩至 0.5mL，加入菲-D10、二氢苊-D10 作为内标物，使其浓度分别为 0.1mg/L，保存在 4℃冰箱里待测。

3. 样品的测定
（1）设定仪器的分析条件
毛细管柱：HP-5MS，30m×0.25mm×0.25μm，美国安捷伦公司生产。
进样口温度 280℃，无分流进样，GC 炉温采用程序升温，40℃保持 2min，5℃/min 升温至 290℃，保持 4min。样品分析时采用 SIM 扫描模式，根据特征峰和保留时间进行定性分析，根据基峰面积进行定量分析。
（2）模拟水样峰面积的测定
PAHs 的 GC-MS 检测时特征峰如表 12-1 所示。

表 12-1　PAHs 和替代物的特征峰

序号	化合物	基峰	特征峰 1	特征峰 2
1	萘	128	127	129
2	苊烯	152	151	150
3	苊	153	154	152
4	芴	166	165	163
5	菲	178	176	179
6	蒽	178	176	179
7	荧蒽	202	200	203
8	芘	202	200	203
9	苯并(a)蒽	228	226	229
10	䓛	228	226	229
11	苯并(b)荧蒽	252	250	253
12	苯并(k)荧蒽	252	250	253
13	苯并(a)芘	252	250	253
14	茚苯(1,2,3-cd)芘	276	277	274
15	二苯并(a, h)蒽	278	276	279
16	苯并(ghi)苝	276	277	274
17	䓛-D12	240	241	236
18	二奈嵌苯-D12	264	260	265

根据特征峰和出峰时间对目标物进行定性分析。根据替代物的峰面积和浓度计算目标化合物的浓度。目标物基峰的峰面积测定结果填入表 12-2 中。

表 12-2　模拟水样目标物基峰的峰面积

序号	化合物	样品峰面积	标样峰面积	回收率/%	响应因子
1	萘				
2	苊烯				
3	苊				
4	芴				
5	菲				
6	蒽				
7	荧蒽				
8	芘				
9	苯并(a)蒽				
10	䓛				
11	苯并(b)荧蒽				
12	苯并(k)荧蒽				
13	苯并(a)芘				
14	茚苯(1,2,3-cd)芘				
15	二苯并(a, h)蒽				
16	苯并(ghi)苝				
17	䓛-D12				
18	二奈嵌苯 d12				

（3）实际样品的测定

实际样品分析时，水样首先需要用 0.45μm 的玻璃纤维膜过滤，后面预处理过程同模拟水样。样品测定峰面积和浓度填入表 12-3 中。

表 12-3　实际样品的测定

序号	化合物	样品峰面积	样品浓度/(ng/L)
1	萘		
2	苊烯		
3	苊		
4	芴		
5	菲		
6	蒽		
7	荧蒽		
8	芘		
9	苯并(a)蒽		
10	䓛		
11	苯并(b)莹蒽		
12	苯并(k)莹蒽		
13	苯并(a)芘		
14	茚苯(1,2,3-cd)芘		
15	二苯并(a，h)蒽		
16	苯并(ghi)苝		
17	䓛-D12		
18	二萘嵌苯-D12		

五、数据处理

（1）根据标样和替代物基峰的峰面积计算相同浓度目标物的响应因子（$RRF_{x/su}$）。

$$RRF_{x/su} = \frac{单位浓度目标物的峰面积}{单位浓度替代物的峰面积}$$

（2）根据标样和模拟水样峰面积计算加入物质的绝对回收率。

$$绝对回收率 = \frac{浓缩液\ A\ 的峰面积×500}{1mg/L\ 标样\ A\ 峰面积×200×2} ×100\%$$

（3）计算样品中 PAHs 的浓度。

$$c_A = \frac{样品中\ A\ 的峰面积×200×替代物的绝对回收率}{样品中替代物的峰面积×RRF_A×A\ 的绝对回收率}$$

六、思考题

（1）简述固相萃取富集目标化合物的优缺点。

（2）采用替代物计算样品中目标化合物的浓度与外标法相比的优缺点。

实验 13 水中药品与化妆品的测定

近年来，随着工农业及医药行业的迅速发展，药品及个人护理用品（PPCPs）的生产和使用量迅猛增长，导致它们在水、土壤和大气环境中均有残留。水体中药品与个人护理品大量检出，使其成为国际环境污染问题的研究热点和新兴污染物的典型代表。

PPCPs 包括各种各样的化学物质。例如各种处方药和非处方药（如抗生素、类固醇、消炎药等），香料、化妆品、遮光剂、染发剂、发胶、香皂、洗发水等。大多数 PPCPs 是水溶性的，有的 PPCPs 还带有酸性或者碱性的官能团。虽然 PPCPs 的半衰期不是很长，但是由于个人和畜牧业大量而频繁地使用，导致 PPCPs 形成假性持续性现象。

药品和个人护理用品与人类的生活密切相关，它们在环境中是普遍存在的，人和牲畜服用的药物一大部分在生物体内没有经过代谢，而是直接排入到环境中。个人护理用品在洗脸、游泳时也会直接进入环境中。除了抗生素和类固醇，有 50 多种 PPCPs 已经在各种环境样品和动物组织、人的血液中被检测出。

环境中的 PPCPs 来源与人类的活动密切相关，大量的文献资料表明进入环境的 PPCPs 对环境群落产生很多不良的生态效应。人类或动物摄入的药品绝大部分会被排放出来，虽然水体中 PPCPs 含量低（处于 ng/L~μg/L 级），但在环境中不断累积、扩散，不仅会造成水体环境的污染、破坏生态平衡，还可能潜在危害着人类身体健康。因此，发展 PPCPs 的治理技术已经成为环境工作者的迫切任务之一，而建立水中 PPCPs 的测定方法是开展相关研究的基础。

抗生素一般是指由细菌、霉菌或其他微生物在繁殖过程中产生的能够杀灭或抑制其他微生物的一类物质及其衍生物，用于治疗敏感微生物（常为细菌或真菌）所致的感染。抗生素在畜牧业应用很多，可以作为助长剂和治疗药物，抗生素对物质生物转化的一些关键过程（反硝化过程、氮的固定、有机物的降解等）和污水生物处理过程等有直接的影响。

红霉素临床主要应用于链球菌引起的扁桃体炎、猩红热、白喉及带菌者、淋病、李斯特菌病、肺炎链球菌下呼吸道感染等疾病，有广泛的应用。磺胺甲基嘧啶适用于肺炎、丹毒、脑膜炎等病。磺胺二甲嘧啶适用于治疗溶血性链球菌、脑膜炎球菌、肺炎球菌等感染疾病，药效持久，用作饲料添加剂，用于防治葡萄球菌及溶血性链球菌等的感染，即主要治疗禽霍乱、禽伤寒，鸡球虫病等疾病。上述三种药品在水体中的检出率很高，本实验采用红霉素、磺胺甲基嘧啶和磺胺二甲嘧啶作为测定的目标化合物。

一、实验目的

（1）学习固相萃取（SPE）预处理含 PPCPs 水样的方法；
（2）学习液相色谱与串联质谱联用仪的使用方法；
（3）学习外标法测定水中 PPCPs 的方法。

二、实验原理

固相萃取采用沃特斯公司生产的 HLB 小柱，其填料是由亲脂性二乙烯苯和亲水性 N-乙烯基吡咯烷酮两种单体按一定比例聚合成的大孔共聚物。其保留机理为反相，通过一个"特殊的极性捕获基团"来增加对极性物质的保留提供很好的水浸润性。该小柱适用于酸性、中性和碱性化合物的通用型吸附,吸附容量高,比硅胶比表面积大 2~3 倍,回收率高且稳定,在萃取过程中不受到柱床干涸的影响。水样的 pH 值、样品过柱速度、洗脱溶剂的极性强弱、小柱的活化效果、活化剂的成分都会对 SPE 效果产生影响。环境水样经过 SPE 后,不但被测物质被萃取富集下来,同时也使样品提纯和净化,不再需要进行净化作用。

液相色谱与串联质谱联用仪采用典型的电喷雾离子源,是一个金属或玻璃的毛细管(内径小于 250μm),样品溶液从具有雾化气套管的毛细管端流出,在流出的瞬间受到加在毛细管端上的几千伏的高电压作用,导致分析物以单电荷或多电荷离子的形式进入高真空状态下的质量分析器。采用三重四极杆的真空系统,第一级四极杆(Q1)是第一个质量分析器,用于扫描目前的质荷比范围,选择需要的离子。第二级四极杆(Q2)也被称为碰撞池,它集中和传输离子,并在所选择的离子的飞行路径引入碰撞气体(氩气或氮气)。离子进入碰撞池和碰撞气体进行碰撞,如果碰撞能量足够高的话,离子就会分解。碎裂的方式取决于能量、气体和化合物性质。小离子只需要很少的能量,更重的离子需要更多的能量来实现母离子碎裂。第三个四极杆(Q3)是第二个分析器,用于分析碎片离子。

采用模拟水样得到所测定的目标物的标准曲线,样品检测时得到目标物的峰面积,通过标准曲线计算其在水中的浓度。

三、仪器与试剂

1. 仪器

(1) 固相萃取仪:美国 Supelco 公司;

(2) 液相色谱与串联质谱联用仪:日本岛津公司的 LC-MS/MS8040。

2. 试剂

(1) 甲醇(Methanol):色谱纯,美国 J. T. Baker 公司。

(2) 乙腈(Acetonitrile):色谱纯,美国 J. T. Baker 公司。

四、实验内容

1. 标准储备液的配制

本实验以红霉素、磺胺甲基嘧啶和磺胺二甲嘧啶作为测定的目标化合物。分别取适量的红霉素、磺胺甲基嘧啶和磺胺二甲嘧啶,用甲醇定容,配制成 2000mg/L 的混合标准储备液,放在冰箱中密封保存,实验时根据需要稀释成具体浓度。

2. 模拟水样的配制

把标准储备液用纯水进一步稀释成 10、50、200 和 1000ng/L 的模拟水样,体积 2L。

3. 模拟水样的 SPE 富集

(1) 首先依次用 5mL 的乙腈、5mL 的甲醇、5mL 超纯水活化 HLB 固相萃取柱,目的是使小柱内的填料的活性基团活化,使其在过滤水样时能将目标物质较高效地富集下来,提高富集净化效果。接着连接好固相萃取装置准备上样。开真空泵抽取液体,然后调节至合适的真空度,使水样一滴一滴以恒定流速过柱。

(2) 用 2×5mL 的乙腈进行洗脱小柱,尽可能延长乙腈与 SPE 小柱的接触时间,一滴一滴慢慢往下流,洗脱速度为每秒 3 滴。在漏斗中加入约 15g 无水硫酸钠,洗脱下来的溶液经无水硫酸钠脱水后,转至旋转蒸发仪(50℃)和氮吹仪(50℃)吹至小于 0.5mL,用乙腈定容至 0.5mL,转移至样品瓶中,留待 LC-MS/MS 分析。

4. 样品的检测

（1）标样分析条件的确定

按照仪器 LC-MS/MS 的操作规程确定目标化合物的电离模式，母离子和子离子，Q1、CE 和 Q3 的电压等参数。

岛津公司的 InertSustainC18 色谱柱，150mm×4.6mm，粒径 5μm。进样 5μL，流动相 A 为乙腈，流动相 B 为超纯水，流动相 A 和 B 各占 50% 流速为 1mL/min。

确定标样分析条件，见表 13-1。

表 13-1 标样分析条件

化合物	电离模式	母离子	子离子	Q1	CE	Q3
红霉素	正离子	734.4	157.85	−34	−33	−17
			576.2	−34	−20	−30
磺胺甲基嘧啶	正离子	264.8	156.05	−17	−17	−30
			108.15	−17	−26	−21
磺胺二甲嘧啶	正离子	278.7	185.95	−30	−17	−20
			124	−30	−24	−24

（2）模拟水样峰面积的测定

选择峰面积最大的基峰作为定量峰，绘制标准曲线，基峰峰面积测定结果填入表 13-2 中。

表 13-2 标准样品测定结果

化合物	0ng/L	10ng/L	50ng/L	200ng/L	1000ng/L
红霉素					
磺胺甲基嘧啶					
磺胺二甲嘧啶					

（3）实际样品的测定

实际样品分析时，水样首先需要用 0.45μm 的玻璃纤维膜过滤，水样的体积 2L，后面预处理过程同模拟水样。预处理完成后测定目标化合物，测定结果填入表 13-3 中。

表 13-3 实际样品的测定

化合物	峰面积	浓度/（ng/L）
红霉素		
磺胺甲基嘧啶		
磺胺二甲嘧啶		

五、数据处理

（1）用米格纸对模拟水样的峰面积绘制目标化合物测定的标准曲线。

（2）计算实际样品中红霉素、磺胺甲基嘧啶和磺胺二甲嘧啶的浓度。

六、思考题

（1）简述采用模拟水样外标法测定实际目标化合物的浓度的缺点。

62

（2）简述测定 PPCPs 时固相萃取与液液萃取预处理相比的优缺点。

实验 14 水中镉的测定

重金属元素在水和土壤中很难降解，且具有富集性，往往长期积累在生物体内，直接影响人类生存环境、危及人类健康。其中，镉是生态环境中最常见和最主要的污染元素。重金属通过各种途径进入水体后，会带来严重的环境危害，其毒性大，易被生物富集而产生生物放大效应，直接威胁人类健康和水生生态系统安全。近年来，各地重金属污染事件频发，社会影响较大，建立一种测定痕量金属离子的方法对人类的健康和环境的保护有重要的现实意义。

目前，测定重金属元素的方法主要有原子吸收法、电感偶合等离子体-原子发射光谱法、分光光度法及溶出伏安法等方法。相对于比色法、分光光度法或原子吸收光谱法测定重金属分析技术操作复杂，需对样品预处理，影响因素较多，阳极溶出伏安法具有灵敏度高，分辨率好，可同时测定多种金属，且价格低廉，操作简便，被认为是重金属快速分析的未来和发展方向。

溶出伏安法是在极谱法基础上发展起来的灵敏度高的痕量分析方法。其操作分为电解富集和溶出测定过程两步，首先将工作电极固定在恒电位和在搅拌溶液的条件下进行电解，使被测物质富集在电极上，使溶液静止后反方向改变电位，让富集在电极上的物质重新溶出。溶出过程主要有单扫描极谱法、脉冲极谱法、方波伏安法等，可以得到一种尖峰形状的伏安曲线。伏安曲线的高度与被测物质的浓度、电解富集时间、溶液搅拌的速度、电极的面积以及溶出时电位变化的速度等因素有关。当其他因素固定时，峰高与溶液中被测物质浓度呈线性关系，故可用于定量分析。

溶出伏安法按照溶出时工作电极发生氧化反应或还原反应，可以分为阳极溶出伏安法和阴极溶出伏安法。如果工作电极上发生的是氧化反应就称为阳极溶出伏安法；如果工作电极上发生的是还原反应，则称为阴极溶出伏安法。

阳极溶出伏安法基本原理是：待测组分在恒定电位下电解，富集在工作电极上，随后电极电位由负电位向正电位方向快速扫描达到一定电位时，富集的金属经氧化重新以离子状态进入溶液，在这一过程中形成相当强的氧化电流峰。在一定实验条件下，电流的峰值与待测组分的浓度成正比，借此可对该组分定量分析。

阳极溶出伏安法可在适当的预电解条件下将镉、铅、铜等金属一起电解并富集在玻璃碳电极或汞膜电极上，再改变电极的电位从负向正扫描，使富集在阳极上的镉、铅、铜等金属分步重新溶出。由于方法采取的是先富集后测定，所以灵敏度很高。所得的电流呈峰形，峰电流的大小在不同电极条件下有不同的描述，在一定条件下峰电流与溶液中的金属离子的浓度成正比。该方法可以测定废水中的很多重金属元素。

一、实验目的

（1）掌握阳极溶出伏安法的基本原理；
（2）掌握极谱仪或溶出伏安仪的使用以及相关的实验技术。

二、实验原理

阳极溶出伏安法的操作分为两步：第一步是预电解；第二步是溶出。试液除氧后，金属离子在产生极限电流的电位处电解富集在工作电极上，静止 30s 或 1min。以一定的方式使工作电极的电位由负向正的方向扫描，则电极上电积的金属重新氧化。用记录仪记录阳极波、峰电流(波高)与被测离子浓度成正比。

峰电流的大小与预电解时间、预电解时搅拌溶液的速度、预电解电位、工作电极以及溶出的方式等因素有关。为了获得再现性的结果，实验时必须严格控制实验条件。

本实验工作电极为汞膜电极，参比电极为 Ag丨AgCl 电极，所有电位均相对于 Ag丨AgCl 电极电位。

三、仪器与试剂

1. 仪器

(1) 仪器极谱仪或溶出伏安仪；

(2) 银基汞膜电极；

(3) 银-氯化银电极；

(4) z-y 函数记录仪；

(5) 秒表。

2. 试剂

(1) 硝酸：1+1，分析纯；

(2) 浓盐酸：分析纯；

(3) 氨水：分析纯；

(4) 汞；

(5) 氯化钾：分析纯；

(6) 亚硫酸钠：分析纯；

(7) 金属镉。

四、实验内容

1. 试剂的配制

(1) Cd 标准溶液：准确称取金属镉 0.0100g 溶于 5mL 硝酸(1+1)中，定量转移至 100mL 的容量瓶中，稀释至刻度，即为 100mg/L。逐级稀释至浓度为 1.0mg/L 的标准使用液。

(2) 0.25mol/L KCl 溶液：称取分析纯氯化钾 1.86g，用蒸馏水稀释至 100mL。

0.1mol/L KCl 溶液：称取分析纯氯化钾 0.745g，用蒸馏水稀释至 100mL。

(3) 饱和亚硫酸钠溶液：在 10mL 水中加入亚硫酸钠晶体，搅拌使其溶解，逐步添加亚硫酸钠结晶至有少量的亚硫酸钠结晶析出，静置 5min 后取上层清液。此溶液不稳定，容易被氧化。因此不能保存很久，实验前配制为宜。

(4) 0.1mol/L 盐酸溶液：取 2.1mL 浓盐酸稀释至 250mL。

(5) 2mol/L 氨水：取 13mL 浓氨水，加水稀释至 100mL。

2. 电极的准备

(1) 汞膜电极

先把银基汞膜电极放在 2mol/L 氨水中 15min，取出用水(经活性炭柱处理的去离子水，下同)清洗，放入 1+1 硝酸中，仔细观察。当看到微小气泡出现时，立即取出，用水冲洗，再放入 2mol/L 氨水中数分钟，取出用水冲洗。再放入 1+1 硝酸中稍微沾洗。这样重复 1~2 次后，将电极放入盛有 2mol/L 氨水和汞珠的小烧杯中沾汞，待汞自然爬满银基电极后，轻拿出电极静置几分钟，使多余的汞滴入烧杯中。

不管是新的银基电极，还是用过的电极，有时在电极上爬汞的过程很慢，有的甚至始终不能爬满电极，这是由于电极表面不够清洁所致，此时可将此电极用 2mol/L 氨水多浸泡些时间，然后用滤纸把汞擦满电极，再按上述方法洗去汞膜后重新涂汞。

汞膜电极制备好后，须将它在适当的底液和电位反复扫描数次，使电极和性能稳定。

新制备的汞膜电极应在 0.1mol/L KCl 中于−1.8V（vs. Ag｜AgCl 电极）阴极化并正向扫描至−0.2V，如此反复扫描 3 次左右后电极便可使用。

实验结束后，将该电极浸在 2mol/L 氨水溶液中待用。

（2）Ag｜AgCl 电极

银电极表面用去污粉擦净，在 0.1mol/L 盐酸中氯化。以银电极为阳极，铂电极为阴极，外加+0.5V 电压后银电极表面逐步呈暗灰色。为使制备的电极性能稳定，将电极换向，以银电极为阴极，铂电极为阳极，外加 1.5V 电压使银电极还原表面变白，然后再氯化。如此反复数次，制得 Ag｜AgCl 电极。

实验结束后，将电极浸在 0.1mol/L KCl 溶液中待用。

（3）Cd^{2+} 浓度与溶出峰电流关系

用吸量管准确移取浓度为 1.0mg/L 的镉标准使用液 0、0.40、0.80、1.20、2.00mL，于 5 只 50mL 容量瓶中，再分别加入 0.25mol/L KCl 10mL，5 滴饱和 Na_2SO_3 溶液，用蒸馏水稀释至刻度，摇匀，待用。

以银基汞膜电极为工作电极，Ag｜AgCl 电极为参比电极，在−1.0V 电压下预电解 2min，静止 30s 后向正方向扫描溶出，记录阳极波，测量峰高，记录在表 14-1 中。

表 14-1   标准曲线测定结果

Cd^{2+} 加入量/mL	0	0.4	0.8	1.2	2.0
Cd^{2+} 浓度/（μg/L）	0	8.0	16.0	24.0	40.0
峰高					

3. 水样测定

准确移取试液 10.0mL（根据水样浓度吸取）于 50mL 容量瓶中，加入 0.25mol/L KCl 10mL，5 滴饱和 Na_2SO_3 溶液，用蒸馏水稀释至刻度，摇匀。用上述同样条件进行溶出测定，记录阳极波，并测量峰高，记录水样测定结果在表 14-2 中。

表 14-2   水样测定结果

项　目	1	2
水样取样量/mL		
稀释倍数		
峰高		
Cd^{2+} 浓度/（μg/L）		

五、数据处理

1. 绘制标准曲线

以标样浓度为横坐标，峰高为纵坐标绘制标准曲线，并计算回归方程和相关系数。根据曲线计算水样中镉浓度。

曲线回归方程：

$$h_0 = a\,c_0 + b$$

式中　h_0——标样峰高；

　　　c_0——标样浓度，$\mu g/L$。

2. 水样浓度计算

$$c = \frac{h-b}{a} \times \frac{50}{V}$$

式中　c——水样的浓度，$\mu g/L$；

　　50——水样定容体积，mL；

　　　h——水样的峰高；

　　　V——水样取样体积，mL。

3. 写出实验报告

六、思考题

（1）为什么阳极溶出伏安法的灵敏度高？

（2）为了获得再现性的溶出峰，实验时应注意什么？

实验 15　水中邻苯二甲酸酯的测定

　　邻苯二甲酸酯(PAEs)是一类常见的塑料增塑剂，普遍存在于水体、空气、土壤和塑料制品等样品中。该物质可通过呼吸、饮食和皮肤接触直接进入人和动物体内，对人和动物造成很大的危害，临床上表现为生殖能力下降、生殖器官畸形和发育异常，长期体内积累也会导致癌变和突变等危害。由于其对人体健康产生危害，美国环保局将邻苯二甲酸二甲酯(DMP)、邻苯二甲酸二乙酯(DEP)、邻苯二甲酸二丁酯(DBP)、邻苯二甲酸二异辛酯(DE-HP)、邻苯二甲酸二正辛酯(DOP)以及邻苯二甲酸丁基苄基酯(BBP)列为优先控制污染物。邻苯二甲酸酯目前已成为国际上广泛关注的一类环境激素污染物。邻苯二甲酸酯类也是全球性最普遍的一类持久性环境污染物。我国许多城市水源水、矿泉水、桶装水等水环境中均受到不同程度邻苯二甲酸酯类污染，邻苯二甲酸酯类暴露已经成为威胁我国居民身体健康和子孙后代生存繁衍的重要公共卫生问题。

　　邻苯二甲酸酯类化合物测定的方法主要有紫外分光光度法、气相色谱法、高效液相色谱法和质谱法等，其中紫外分光光度法选择性和灵敏度相对较差，而色谱法和质谱法对样品的前处理要求高，须对实际样品采用有机溶剂萃取、浓缩富集等繁琐的前处理步骤。本实验采用荧光分析法，测定邻苯二甲酸酯在浓硫酸条件下荧光性质的变化，可得到水中邻苯二甲酸酯的总量，省去复杂的样品前处理步骤，实现快速、简单的测定。

　　分子荧光分析法是根据物质的分子荧光光谱进行定性，以荧光强度进行定量的一种分析方法。荧光分析法的最大优点是灵敏度高，它的检出限通常比分光光度法低 2~4 个数量级，选择性也较分光光度法好。虽然能产生强荧光的化合物相对较少，荧光分析法的应用不如分光光度法广泛，但由于它的高灵敏度以及许多重要的生物物质都具有荧光性质，使得该方法在药学、环境科学、生命科学、痕量分析研究等各个领域具有重要意义。

常用的荧光分析仪器也是由光源、单色器、液槽、检测器和信号显示记录器五部分组成。它与分光光度计比较主要差别有两点：第一，荧光分析仪器采用垂直测量方式，即在与激发光相垂直的方向测量荧光以消除透射光的影响。第二，荧光分析仪器有两个单色器，一个是激发单色器，置于液槽前，用于获得单色性较好的激发光；另一个是发射单色器，置于液槽和检测器之间，用于分出某一波长的荧光，消除其他杂散光干扰。荧光分光光度计结构如图 15-1 所示。

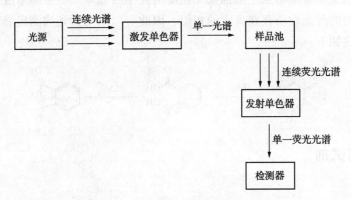

图 15-1　荧光分光光度计的结构

荧光测量中的激发光源一般要求比吸收测量中的光源有更大的发射强度。在荧光分光光度计中，通常采用高压汞灯或氙弧灯作光源。高压汞灯是利用汞蒸气放电发光的光源，其光谱略呈带状，以 365nm 的谱线为最强。荧光分析中常使用 365nm、405nm 和 436nm 三条谱线。高压氙弧灯是荧光分光光度计中应用广泛的一种光源。氙灯是一种短弧气体放电灯，工作时，在相距约 8mm 的钨电极间形成一强电子流（电弧），氙原子与电子流相撞而解离为正离子，氙正离子与电子复合而发光，其光谱在 250~800nm 范围内呈连续光谱。

荧光分光光度仪一般采用两个光栅单色器。光栅有平面光栅和凹面光栅。平面光栅多采用机械刻制，凹面光栅常采用全息照相和光腐蚀而制成。

试样池通常是一只长、宽各为 1cm 的柱形石英液池，且四面透光。当与流动注射分析技术连用时，则应配置石英流通池。

荧光的强度一般较弱，要求检测器具有较高的灵敏度。荧光分光光度计采用光电倍增管作为检测器。

荧光分析之所以具有比吸收光度法高得多的灵敏度，是由于现代电子技术具有检测微弱光信号的能力，而且荧光强度与激发光强度成正比，提高激发光强度也可以增大荧光强度，使测定灵敏度提高。吸收光度法则不然，它测定的是吸光度，不管是增大入射光强度 I_0，还是提高检测器的灵敏度，都会使透过光信号与入射光信号以同样的比例增大，吸光度值并不会改变，因而灵敏度不能提高。

目前，性能较好的商品化荧光分光光度计都由微机控制，并配有响应的软件，可按指令进行波长的自动扫描，数据处理，并在屏幕上直接显示所要求的各种图谱。

一、实验目的

（1）学习荧光分光光度计使用方法；

（2）考察荧光分光光度测定邻苯二甲酸酯类的影响因素；

（3）掌握荧光分光光度法测定邻苯二甲酸酯类的方法。

二、实验原理

邻苯二甲酸酯在浓硫酸条件下水解生成邻苯二甲酸，而邻苯二甲酸在浓硫酸作用下进一步分子内脱水生成邻苯二甲酸酐。由于邻苯二甲酸酐的生成，扩大了环状平面，使平面共轭程度增大，荧光强度明显地增强。增强荧光强度的大小与邻苯二甲酸酯浓度成正比。不同邻苯二甲酸酯化合物的荧光性质存在高度的相似，因此可以采用荧光法测定邻苯二甲酸酯的总量。其反应方程式如下：

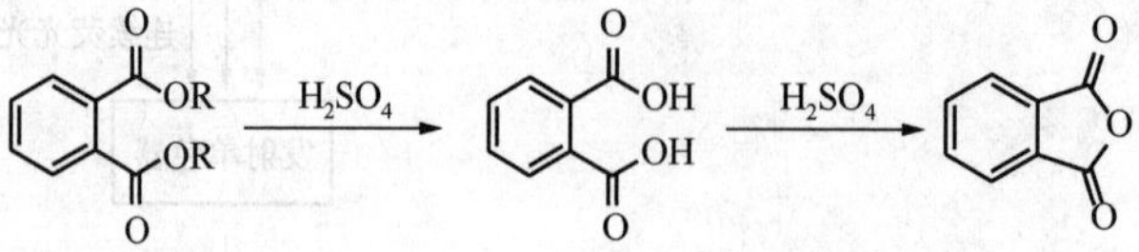

三、仪器与试剂

1. 仪器

（1）荧光分光光度计。

2. 试剂

（1）邻苯二甲酸二甲酯（DMP）：98.0%；

（2）邻苯二甲酸二乙酯（DEP）：98.0%；

（3）邻苯二甲酸二丁酯（DBP）：99.0%；

（4）无水乙醇：分析纯；

（5）浓硫酸：98%，分析纯。

四、实验内容

1. 标准溶液配制

分别准确称取 0.0500g 的 DMP、DEP 和 DBP，用无水乙醇稀释至 100mL，此溶液浓度为 500mg/L，放入冰箱保存。

分别取上述标准贮备液 5.00mL，用无水乙醇稀释至 50mL，此溶液浓度为 50mg/L。

2. 邻苯二甲酸酯的荧光激发和发射光谱的测定

分别取 DMP（或 DEP、DBP）为浓度为 50mg/L 的标准溶液 40μL 于 3 个 10mL 具塞比色管中，缓慢加入 8mL 浓硫酸，用超纯水定容至刻度，振荡均匀，放置冷却，得邻苯二甲酸酯浓度为 200μg/L 工作液。取适量于 1cm 石英比色皿中，设置仪器扫描参数：激发和发射单色仪狭缝宽度均为 5nm，扫描速度为 1200nm/min，进行荧光光谱扫描。记录测定结果见表 15-1。

表 15-1　荧光光谱扫描结果

波长/nm	DMP 荧光强度	DEP 荧光强度	DBP 荧光强度
214			
218			
222			
352			
356			
360			

3. 浓硫酸浓度影响考察

准确量取 4.0μL 的 DMP、DEP 和 DBP 为浓度为 500mg/L 的标准液于 10mL 刻度试管中，各加入不同体积的浓硫酸 0.5、1.0、2.0、4.0、6.0、7.0、8.0 和 10mL 后用超纯水定容得浓度为 200μg/L 工作液，在实验条件下测定各种物质荧光的变化，记录在表 15-2 中。

表 15-2　浓硫酸浓度影响结果

硫酸加入量/mL	DMP 荧光强度	DEP 荧光强度	DBP 荧光强度
0.5			
1.0			
2.0			
4.0			
6.0			
7.0			
8.0			
10.0			

4. 标准曲线绘制

根据 DMP、DEP 和 DBP 的荧光强度测定结果，选择其中一种作为测定的标准物质。

分别取浓度为 50mg/L 标准溶液 1.0μL、10.0μL、20μL、40μL、100μL 于 10mL 比色管中，加入 8mL 浓硫酸，用超纯水定容至刻度，振荡均匀，放置冷却，得到浓度为 5μg/L、50μg/L、100μg/L、200μg/L、500μg/L 的系列标准溶液，按照实验选定的测定方法进行荧光测定，测定结果记录于表 15-3。

其中每一浓度平行配制 3 份，测定 3 次，结果取平均值，记录在表 15-3 中。以荧光强度对浓度作标准工作曲线。

5. 样品测定

取塑料水杯和聚氯乙烯（PVC）水管分别用热水与冷水浸泡约 30min，得浸泡水样。各取 2mL 水样于 10mL 具塞刻度试管中，缓慢加入浓硫酸 8mL 混合均匀，静置冷却后进行荧光测定。测定结果记录于表 15-3 中。

表 15-3　标样与样品测定结果

标样浓度/(μg/L)	荧光强度 1	荧光强度 2	荧光强度 3
5.0			
50			
100			
200			
500			
样品 1			
样品 2			

五、数据处理

1. 荧光光谱扫描结果曲线的绘制

以波长为横坐标、荧光强度为纵坐标，绘制 DMP、DEP 和 DBP 荧光光谱扫描结果曲线。

2. 荧光光谱扫描结果曲线的绘制

以浓硫酸加入量为横坐标，荧光强度为纵坐标，绘制浓硫酸浓度对 DMP、DEP 和 DBP 荧光强度影响曲线。

3. 标准曲线的绘制

以标样浓度为自变量、峰面积为因变量，绘制标准曲线并计算回归方程 $y=bx+a$ 和相关系数。相应数据记录在表 15-4 中。

表 15-4　标准曲线的绘制

标样浓度/(μg/L)	5.0	50	100	200	500
荧光强度均值					

4. 样品测定结果

根据标准曲线进行计算水样中邻苯二甲酸酯类的总量。

$$c = \frac{y-a}{b} \times \frac{10}{V}$$

式中　V——水样取样体积；

　　　10——水样定容体积；

　　　y——样品荧光强度。

5. 写出实验报告

六、思考题

(1) 查阅文献，回答紫外分光光度法、气相色谱法、高效液相色谱法和质谱法测定邻苯二甲酸酯类化合物的原理。

(2) 简述荧光分光光度法测定邻苯二甲酸酯类化合物的原理。

(3) 比较荧光分光光度计与可见紫外分光光度计结构的异同。

实验 16　水中甲萘威的测定

甲萘威(carbaryl)，又称西维因(Sevin)，学名甲氨基甲酸-1-萘酯，简称胺甲萘，属萘基氨基甲酸酯类农药。甲萘威是一种广谱的氨基甲酸酯类杀虫剂，具有触杀作用，兼有胃毒作用和轻微内吸作用，使用后在作物及环境中残留时间较短。主要能防治水果、蔬菜、棉花和其他经济作物上的害虫。与有机磷农药存在的抗药性和有机氯农药残留期长等问题相比，具有残效短、选择性强、对天敌影响较小及对人畜毒性较低等优点。

甲萘威对有机体的毒性作用与有机磷农药相似，是一种乙酰胆碱抑制剂，它不需经体内代谢活化，即可直接抑制胆碱酯酶，并以整个分子与胆碱酯酶形成疏松的复合体，胆碱酯酶被氨基甲酰化后，即可失去水解乙酰胆碱的能力。急性中毒可出现流泪、流涕、肌肉颤动、瞳孔缩小等胆碱酯酶抑制症状，慢性毒性具有致癌、致畸、致突变可能性。由于使用广泛，从环境进入人体的机会较多，因而产生毒性的机会较大。

水中甲萘威含量的测定，主要是高效液相色谱法、液相-质谱联用法以及带有氮磷检测器的气相色谱法。本实验采用液相色谱法测定水中甲萘威含量。

高效液相色谱仪一般都具备储液器、高压泵、梯度洗提装置、进样器、色谱柱、检测器、恒温器、记录仪等主要部件。

液相色谱分析的流动相(载液)是用高压泵来输送的。由于色谱柱很细(1~6mm)，填充剂粒度小(目前常用颗粒直径为 5~10μm)，因此阻力很大。为达到快速、高效地分离，必须有很高的柱前压力，以获得高速的液流。对高压输液泵来说，一搬要求压力为 150×10^5 ~ 350×10^5 Pa，关键是要流量稳定。因为它不仅影响柱效能，而且直接影响到峰面积的重现性和定量分析的精密度，还会引起保留值和分辨能力的变化。另外，要求压力平稳无波动。这是因为压力的不稳和波动对很多检测器来说是很敏感的，它会使检测器的噪声加大、仪器的最小检测量变坏。对于流速，也要有一定的可调范围，因为载液的流速是分离条件之一。

高效液相色谱法中的梯度洗提，和气相色谱法中的程序升温一样，给分离工作带来很大的方便，现在已成为完整的高效液相色谱仪中一个重要的不可缺少的部分。所谓梯度洗脱，就是载液中含有两种(或更多)不同极性的溶剂，在分离过程中按一定的程序连续改变载液中溶剂的配比和极性，通过载液中极性的变化来改变被分离组分的分离因素，以提高分离效果。应用梯度洗脱还可以使分离时间缩短、分辨能力增加，由于峰形的改善，还可以提高最小检测量和定量分析的精度。梯度洗脱可以采用在常压下预先按一定的程序将溶剂混合后再用泵输入色谱柱，这叫做低压梯度，也称外梯度。也可以将溶剂用高压泵增压以后输入色谱系统的梯度混合室，加以混合后送入色谱柱，即所谓的高压梯度或内梯度系统。

在高效液相色谱仪中，进样方式及试样体积对柱效有很大的影响。要获得良好的分离效果和重现性，需要将试样"浓缩"地瞬时注入色谱柱，并在色谱柱上端担体上成一个进样点。液相的进样方式主要有以下两种，注射器进样装置和高压定量进样器。

液相色谱法常用色谱柱的标准柱型是内径为 4.6mm 或 3.9mm，长度为 15~30cm 的直形不锈钢柱。填料颗粒度 5~10μm，柱效以理论塔板数计大约 7000~10000。

紫外光度检测器是液相色谱法中广泛使用的检测器。它的作用原理是基于被测组分对特定波长紫外光的选择性吸收，组分浓度与吸光度的关系遵守比尔定律。紫外光度检测器具有很高的灵敏度，最小检测浓度可达 10^{-9} g/mL，因而即使是那些对紫外光吸收较弱的物质，也可用这种检测器进行检测。

样品前处理采用固相萃取法，采用毒性相对较低的甲醇作为洗脱液。

固相萃取(Solid Phase Extraction)实际上采用的是液相色谱的分离原理，分离模式主要包括反相、正相、离子交换和吸附。固相萃取所用的吸附剂与液相色谱常用的固定相相同，只是在填料的形状和粒径上有所区别。一般来讲，固相萃取填料的粒径分布较液相色谱用固定相要宽，而且固相萃取小柱是一次性消耗品。固相萃取小柱的吸附剂通常装填于聚丙烯柱筒底部，并由上下两层聚丙烯或聚四氟乙烯筛板固定；也有用96孔形式的固相萃取小柱。固相萃取小柱的大小规格、吸附剂的种类及装填量都有多种选择。因其具有安全、回收率高、重现性好，操作简便、快速、易实现自动化等特点，从而显示出良好的发展前景，固相萃取作为样品前处理技术，在实验室中得到了越来越广泛的应用。

固相萃取小柱的使用包括以下基本步骤：

活化：首先用较强洗脱能力的溶剂润湿吸附剂，而后再以较弱洗脱能力的溶剂润湿小柱，从而保证样品在小柱上有足够的保留。

上样：选择强度相对较弱的溶剂溶解样品。液体样品被加到固相萃取小柱上后，不保留或弱保留的组分随溶剂流出，待测组分和其他强保留组分保留在吸附剂上。

淋洗：用不会将待测组分洗脱出来的溶剂(样品溶剂或稍强溶剂)淋洗小柱，随后采用抽真空或高速离心来排除残余溶剂。

洗脱：用尽量少的较强溶剂将待测组分洗脱出来，而剩余较强的基体组分仍保留在填料中。对于收集到的淋洗液，可进一步吹干，用适当溶剂定溶，也可用于直接进样。

一、实验目的

(1) 学习固相萃取提取方法并掌握相关实验技术；

(2) 掌握甲萘威标准溶液的配制方法；

(3) 掌握外标法测定甲萘威含量的实验步骤及结果计算方法。

二、实验原理

采用C_{18}反相固相萃取柱，对水中的甲萘威进行富集浓缩，浓缩后的甲萘威用甲醇洗脱，用氮吹仪吹近干，用色谱流动相定容。定容后样品用反相液相色谱柱C_{18}进行分离，以紫外检测器进行检测，以甲萘威标准系列溶液的色谱峰面积对其浓度做工作曲线，再根据样品中的甲萘威峰面积，由工作曲线算出色谱进样浓度，从而根据取样体积得出水中甲萘威浓度。

三、仪器与试剂

1. 仪器

(1) 高效液相色谱仪，紫外检测器。

(2) 微量注射器：50μL。

(3) C_{18}柱：250mm×4.6mm，5μm。

(4) 固相萃取仪。

(5) 超声波脱气机。

(6) 离心机。

(7) 分液漏斗：250mL。

（8）氮吹浓缩仪。

（9）浓缩瓶：具有 10mL 刻度。

2. 试剂

（1）甲醇：HPLC 级。

（2）甲醇淋洗液：甲醇+水=5+95。

（3）磷酸：优级纯。

（4）二氯甲烷：色谱纯。

（5）C_{18} 反相固相萃取柱：500mg/6mL。

（6）甲萘威标准物质：$C_{12}H_{11}NO_2$，HPLC 级，纯度>99.1%。

四、实验内容

1. 样品的采集和保存

用磨口玻璃瓶采集水样，于样品中加磷酸至 pH=3，尽快分析。

2. 样品的预处理

（1）离心沉淀

浑浊的水样需离心后取上清液备用，洁净的水样可直接取样分析。

（2）固相萃取

C_{18} 反相固相萃取柱预先用 10mL 甲醇活化，再以 15mL 二次蒸馏水调整。取 100mL 水样上清液，以 5~10mL/min 流过 C_{18} 反相固相萃取柱进行富集浓缩，然后用 10mL 甲醇淋洗液淋洗固相萃取柱以除去部分极性杂质，再用 4mL 甲醇洗脱固相萃取柱，收集洗脱液至浓缩瓶中。

（3）溶剂置换

将浓缩瓶放在氮气浓缩仪上，用小流量氮气将浓缩瓶内的萃取液或洗脱液浓缩到近干，加入色谱流动相定容至 10mL，摇匀待色谱分析用。

3. 设置仪器工作参数

（1）色谱柱 C_{18} 柱 250mm×4.6mm，5μm；

（2）柱温：室温；

（3）流动相：甲醇+水=60+40；

（4）流动相流速：1.0mL/min；

（5）检测波长 280nm；

（6）进样量：50μL。

4. 标准贮备液和中间液的配制

甲萘威标准储备液：1000mg/L，称取甲萘威标准物质 100mg，准确至 0.1mg，溶于色谱流动相，在 100mL 容量瓶中定容。

取甲萘威标准贮备液 5.00mL，用甲醇稀释至 50mL，此溶液浓度为 100mg/L。

5. 标准溶液的配制

取浓度为 100mg/L 标准中间液 0.50mL、1.00mL、3.00mL、5.00mL、10.0mL，分别放入 5 个 50mL 容量瓶中，用甲醇稀释至刻度，此标准溶液浓度分别为 1.0mg/L、2.0mg/L、6.0mg/L、10.0mg/L 和 20.0mg/L。

将上述标准溶液通过 0.45μm 微孔滤膜过滤后，超声排气。

6. 标准曲线绘制与样品测定

色谱分析第一个样品进样前，应以 1.0mL/min 流量的流动相冲洗系统 30min 以上，检测器预热 30min 以上后进行检测。用微量注射器分别取各个浓度标准溶液，各进样 20μL，测定保留时间和峰面积。以甲萘威含量对峰面积作图，绘制标准曲线。

取处理后待测样品，进样 20μL。保留时间定性，以峰面积定量。

7. 原始记录

标样和样品的保留时间与峰面积填入表 16-1。

表 16-1　标样与样品测定结果

标样浓度/(mg/L)	保留时间/min	峰面积 A
1.0		
2.0		
6.0		
10.0		
20.0		
样品		

五、数据处理

1. 标准曲线的绘制

以标样浓度为横坐标、峰面积为纵坐标，绘制标准曲线并计算回归方程 $y=bx+a$ 和相关系数。原始数据填入表 16-2。

表 16-2　标准曲线的绘制

标样浓度/[mg/L(ng/μL)]	0.0	1.0	2.0	6.0	10.0	20.0
峰面积						

2. 样品测定结果

水样中甲萘威含量计算：

$$c(\mathrm{mg/L}) = \frac{y-a}{b} \times \frac{V_1}{V_0}$$

式中　y——样品色谱进样后得出的峰面积；

V_1——样品处理后，甲醇定容体积，mL；

V_0——水样取样体积，mL。

3. 写出实验报告

六、思考题

（1）配制液相色谱所使用的流动相需要注意哪些问题？

（2）实验中需要设定的色谱参数是哪些？

（3）固相萃取技术包括哪些步骤？

74

实验 17 水中总氮的测定

大量生活污水农田排水或含氮工业废水排入水体，使水中有机氮和各种无机氮化合物含量增加，生物和微生物类的大量繁殖，消耗水中溶解氧，使水质恶化。湖泊、水库中含有超标的氮、磷类物质时，造成浮游植物繁殖旺盛，出现富营养化状态。因此，总氮是衡量水质的重要指标之一。

总氮的定义是指在标准规定的条件下，能测定的样品中溶解态氮及悬浮物中氮的总和，包括亚硝酸盐氮、硝酸盐氮、无机铵盐、溶解态氨及大部分有机含氮化合物中的氮。以每升水含氮毫克数计算。常被用来表示水体受营养物质污染的程度。

水中的总氮(TN)、氨氮(NH_3-N)和总磷(TP)含量是重要的污水水质指标之一，在污水生化处理过程中微生物的新陈代谢需要消耗一定量的氮、磷。如果氮、磷排入到水体中，将会导致水体中藻类的超量增长，造成富营养化。水质总氮的测定方法主要有碱性过硫酸钾消解紫外分光光度法(HJ 636—2012)和气相分子吸收光谱法。

在环境地表水、地下水、工业废水、生活污水等水质监测领域，碱性过硫酸钾消解紫外分光光度法以及优化方法是当前的主要方法。当碘离子含量相对于总氮含量的 2.2 倍以上，溴离子含量相对于总氮含量的 3.4 倍以上时，对测定产生干扰。水样中的六价铬离子和三价铁离子对测定产生干扰，可加入 5% 盐酸羟胺溶液 1~2mL 消除干扰。

一、实验目的

(1) 掌握用碱性过硫酸钾消解-紫外分光光度法测定总氮方法的原理；
(2) 学习样品预处理相关实验技术；
(3) 进一步巩固分光光度计的使用和操作。

二、实验原理

在 60℃ 以上水溶液中，过硫酸钾可分解产生硫酸氢钾和原子态氧。硫酸氢钾在溶液中离解而产生氢离子，故在氢氧化钠碱性介质中可促使分解过程趋于完全。

分解出的原于态氧在 120~124℃ 条件下，不仅可将水样中的氨氮和亚硝酸盐氮氧化为硝酸盐，同时可将水样中大部分有机氮化合物氧化为硝酸盐。然后用紫外分光光度法于波长 220nm 和 275nm 处，分别测出吸光度 A：A_{220} 及 A_{275} 按式(17-1)求出校正吸光度 A：

$$A = A_{220} - A_{275} \qquad (17-1)$$

按 A 值查校准曲线并计算总氮(以 NO_3-N 计)含量。

三、仪器与试剂

1. 仪器

(1) 紫外分光光度计及 10mm 石英比色皿；
(2) 医用手提式蒸汽灭菌器或家用压力锅，压力为 1.1~1.4kg/cm²，锅内温度相应为 120~124℃；
(3) 25mL 具塞比色管
所用玻璃器皿可以用盐酸(1+9)或硫酸(1+35)浸泡，清洗后再用无氨水冲洗数次。

2. 试剂

除非另有说明外，分析时均使用符合国家标准的分析纯试剂和蒸馏水。

（1）无氨水：每升水中加入 0.1mL 浓硫酸，蒸馏。收集馏出液于玻璃容器中。

（2）氢氧化钠溶液（20%）：称取 20g 氢氧化钠（NaOH），溶于无氨水中，稀释至 100mL。

（3）盐酸溶液（1+9）。

（4）过硫酸钾（$K_2S_2O_8$）。

（5）硝酸钾。

四、实验内容

1. 碱性过硫酸钾溶液的配制

称取 4.0g 过硫酸钾（$K_2S_2O_8$），溶于 60mL 水中（可置于 50℃ 水浴中加热至全部溶解）；另称取 1.5g 氢氧化钠溶于 30mL 水中。待氢氧化钠溶液温度冷却至室温后，混合两种溶液定容至 100mL。溶液存放在聚乙烯瓶内，最长可贮存一周。

2 标准溶液的配制

（1）硝酸钾标准储备液的配制

称取 0.3609g 分析纯硝酸钾（经 105~110℃ 烘干燥 2h），溶于水中，转入 250mL 容量瓶中，用水稀释至刻度。此溶液含硝酸盐氮 200μg/mL。如加入 2mL 氯仿保存，溶液可稳定半年以上。

（2）硝酸钾标准使用液的配制

取硝酸钾标准储备液 10.0mL 稀释至 100mL，配制成每毫升含 20μg 的硝酸盐氮的标准使用液。

3. 标准系列的配制与测定

（1）取 6 支 25mL 具塞比色管，分别加入 20μg/mL 硝酸钾标准溶液 0、0.50、1.00、2.00、3.00、4.00mL，用无氨水稀释定容至 10.0mL，加碱性过硫酸钾溶液 5.0mL，混匀，塞紧磨口塞，用纱布及纱绳扎紧瓶塞，以防弹出。

（2）将比色管置于医用手提蒸汽灭菌器中，加热，使压力表指针到为 $1.1~1.4$kg/cm²，此时温度达 120~124℃ 后开始计时。或将比色管置于家用压力锅中，加热至顶压阀吹气时开始计时。保持此温度加热 30min 后冷却、开阀放气，移去外盖，取出比色管，冷至室温后，按住管塞将比色管中的液体颠倒混匀 2~3 次。加盐酸（1+9）1.0mL，用无氨水稀释至 25mL 标线，混匀。同时做空白试验。

（3）移取部分溶液至 10mm 石英比色皿中，在紫外分光光度计上，以无氨水作参比，分别在波长为 220nm 与 275nm 处测定吸光度，测定结果记录在表 17-1 中。并用式（17-1）计算出校正吸光度 A。

表 17-1 硝酸钾标准系列配制

管　号	1	2	3	4	5	6
硝酸钾加入量/mL	0.0	0.50	1.00	2.00	3.00	4.00
硝酸钾含量/μg	0.0	10	20	40	60	80
A_{220}						
A_{275}						
$A_{220}-A_{275}$						

4. 样品保存与测定

（1）采样

在水样采集后立即放入冰箱或低于4℃的条件下保存，但不能超过24h。样品可贮存于玻璃瓶中。

水样放置时间较长时，可在1000mL水样中加入约0.5mL硫酸（$\rho = 1.84g/mL$），酸化到pH<2，并尽快测定。

（2）样品测定

在25mL具塞比色管中加入水样10.00mL，或取适量水样（使氮含量为20~80μg），稀释至10.00mL。加入碱性过硫酸钾溶液5.0mL，混匀，塞紧磨口塞，用纱布及纱绳扎紧瓶塞，以防弹出。按照标准曲线操作步骤进行加热、比色等操作。同时取10.00mL无氨水做空白实验。

然后按校正吸光度在标准曲线上查出相应的总氮量，并计算总氮含量。

五、数据处理

1. 标准曲线的绘制

用校正吸光度绘制标准曲线。

以硝酸钾含量（μg）为横坐标，$A_{220}-A_{275}$为纵坐标，计算校准曲线回归方程 $A = bx + a$，以及相关系数。

2. 总氮浓度计算

$$A = A_{220} - A_{275}$$

按式（17-1）计算得试样校正吸光度 A，根据校准曲线计算出相应的总氮量（μg），总氮含量（mg/L）按下式计算

$$总氮（mg/L） = \frac{m}{V}$$

式中　m——根据校准曲线计算得出的含氮量，μg；

　　　　V——测定用试样体积，mL。

六、思考题

（1）水体中氮化物有哪些形态？

（2）不同形式的氮化物之间有什么关系？

实验18　水中总磷的测定

在天然水和废水中，磷几乎都以各种磷酸盐的形式存在，它们分为正磷酸盐、缩合磷酸盐（焦磷酸盐、偏磷酸盐和多磷酸盐）和有机结合的磷酸盐，它们存在于溶液中，腐殖质粒子中或水生生物中。

天然水中磷酸盐含量较微。化肥、冶炼、合成洗涤剂等行业的工业废水及生活污水中常含有较大量磷。磷是生物生长的必需元素之一，但水体中磷含量过高（如超0.2mg/L），可造成藻类的过度繁殖，直至数量上达到有害的程度（称为富营养化），造成湖泊、河流透明

度降低，水质变坏。

水中磷的测定，通常按共存在的形式，而分别测定总磷、溶解性正磷酸盐和总溶解性磷，如图 18-1 所示。

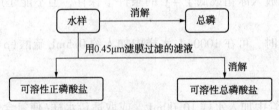

图 18-1　测定水中各种磷的流程

总磷的测定，于水样采集后，加硫酸酸化至 pH≤1 保存。溶解性正磷酸盐的测定，不加任何保存剂，于 2~5℃ 冷处保存，在 24h 内进行分析。

磷的测定方法有钼锑抗光度法、氯化亚锡还原光度法和离子色谱法。

离子色谱法适于清洁水样中可溶性正磷酸盐的测定；氯化亚锡还原光度法适用于地面水中正磷酸盐的测定；钼锑抗分光光度法可适用于地面水、生活污水及日化、磷肥、机加工金属表面磷化处理、农药、钢铁、焦化等行业的工业废水中正磷酸盐的测定。

本实验采用钼锑抗分光光度法测定水中的总磷。预处理的消解过程介绍了两种方法，一种是高压消解法，一种是常压消解法，实验时可根据实验室条件进行选择。

一、实验目的

（1）掌握水中总磷的测定原理及方法。

（2）掌握水样预处理方法。

二、实验原理

在酸性溶液中，将各种形态的磷转化成磷酸根离子（PO_4^{3-}）。随之用钼酸铵和酒石酸锑钾与之反应，生成磷钼锑杂多酸，再用抗坏血酸把它还原，则变成蓝色络合物，通常即称磷钼蓝。

砷酸盐与磷酸盐一样也能生成钼蓝，砷浓度大于 2mg/L 就会有干扰，可用硫代硫酸钠去除。硫化物浓度大于 2mg/L 有干扰，在酸性条件下通氮气可以除去。六价铬浓度大于 50mg/L 有干扰，用亚硫酸钠除去。亚硝酸盐浓度大于 1mg/L 就会有干扰，用氧化消解或加氨磺酸均可以去除。铁浓度为 20mg/L，使结果偏低 5%；铜达到 10mg/L 不干扰测定；氟化物小于 70mg/L 是允许的。

三、仪器与试剂

1. 仪器

（1）可见分光光度计。

（2）医用手提式高压蒸汽消毒锅或一般民用压力锅（1~1.5kg/cm²）。

（3）电炉，2kW。

（4）调压器，2kV·A（0~220V）。

（5）50mL（磨口）具塞刻度管。

2. 试剂

（1）1mol/L 硫酸溶液：取 5.5mL 浓硫酸（98%）稀释至 100mL。

（2）（3+7）硫酸溶液。

（3）过硫酸钾：分析纯。

（4）酚酞指示剂。

（5）1mol/L 氢氧化钠溶液：取 4g 氢氧化钠溶于 100mL 水中。

（6）1+1 硫酸溶液：取 50mL 浓硫酸加入 50mL 水中。

（7）磷酸二氢钾（KH_2PO_4）：分析纯，于 110℃ 干燥 2h，在干燥器中放冷。

（8）钼酸铵 $[(NH_4)_6Mo_7O_{24}4H_2O]$：分析纯。

（9）抗坏血酸：分析纯。

（10）酒石酸锑钾 $[K(SbO)C_4H_4O_61/2H_2O]$：分析纯。

四、实验内容

1. 钼酸盐溶液的配制

（1）溶解 3.25g 钼酸铵溶于 25mL 蒸馏水中；

（2）溶解 0.09g 酒石酸锑钾溶于 25mL 蒸馏水中；

（3）在不断搅拌下，将（1）钼酸铵溶液徐徐加入到 75mL（1+1）硫酸中，加入（2）酒石酸锑钾溶液并且混合均匀。

2. 10%（m/V）抗坏血酸溶液的配制

溶解 10g 抗坏血酸于水中，并稀释至 100mL。该溶液贮存于棕色玻璃瓶中，在低温下可稳定几周。如颜色变黄，则弃去重配。

3. 5%（m/V）过硫酸钾溶液的配制

溶解 5g 过硫酸钾于水中，并稀释至 100mL。

4. 磷酸盐标准溶液的配制

（1）称取 0.1085g 磷酸二氢钾溶解后转入 250mL 容量瓶中，稀释至刻度，即得 0.100mg/mL 磷储备液。

（2）吸取 5.00mL 储备液于 250mL 容量瓶中，稀释至刻度，即得磷含量为 2.00μg/mL 的标准溶液。此溶液临用时现配。

5. 标准曲线的绘制

（1）取数支 50mL 具塞比色管，分别加入磷酸盐标准使用液 0、0.50、1.00、3.00、5.00、10.0、15.0mL，加水至 50mL。

（2）显色：向比色管中加入 1mL 10%（m/V）抗坏血酸溶液，混匀；30s 后，加入 2mL 钼酸盐溶液充分混匀，放置 15min。

（3）测量：用 10mm 或 30mm 比色皿，于 700nm 波长处，以零浓度溶液为参比，测量吸光度。

6. 水样的预处理

┌─────────────────────────────────┐
│ 方法一：过硫酸钾高压消解法 │
└─────────────────────────────────┘

吸取 25.0mL 混匀水样（必要时，酌情少取水样，并加水至 25mL，使含磷量不超过 30μg）

于 50mL 具塞刻度管中，加过硫酸钾溶液 4mL，加塞后管口包一小块纱布并用线扎紧，以免加热时玻璃塞冲出。将具塞刻度管放在大烧杯中，置于高压蒸汽消毒器或压力锅中加热，待锅内压力达 1.1kg/cm²（相应温度为 120℃）时，调节电炉温度使保持此压力 30min 后，停止加热，待压力表指针降至零后，取出放冷。此方法需同时做试剂空白和标准溶液系列的消解操作。

方法二：过硫酸钾常压消解法

分取适量混匀水样（含磷不超过 30μg）于 150mL 锥形瓶中，加水至 50mL，加数粒玻璃珠，加 1mL（3+7）硫酸溶液，5mL5% 过硫酸钾溶液，置电热板或可调电炉上加热煮沸，调节温度使保持微沸 30~40min，至最后体积为 10mL 止。放冷，加 1 滴酚酞指示剂，滴加氢氧化钠溶液至刚呈微红色，再滴加 1mol/L 硫酸溶液使红色褪去，充分摇匀。如溶液不澄清，则用滤纸过滤于 50mL 比色管中，用水洗锥形瓶及滤纸，一并移入比色管中，加水至标线，供分析用。

7. 水样测定

取消解处理后的水样，以下按绘制校准曲线的步骤进行显色和测量。减去空白实验的吸光度，并根据校准曲线计算出含磷量。

8. 原始记录

实验测定原始数据填入表 18-1。

表 18-1　标样与水样测定结果

标液加入量/mL	0.0	0.50	1.0	3.0	5.0	10.0	15.0	水样空白	水样
A									

五、数据处理

1. 标准曲线的绘制

以吸光度 $A-A_0$ 为纵坐标，磷含量（μg）为横坐标绘制标准曲线，计算回归方程 $y=bx+a$ 以及相关系数。相关数据填入表 18-2。

表 18-2　标准曲线绘制（终体积 50mL、磷=2.00μg/mL）

标准使用液加入量/mL	0.0	0.50	1.0	3.0	5.0	10.0	15.0
磷含量浓度/μg	0.0	1.0	2.0	6.0	10.0	20.0	30.0
吸光度值 A							
$A-A_0$							

2. 结果计算

$$磷(P，mg/L) = \frac{m}{V}$$

式中　m——由校准曲线计算得出的磷含量，μg；

　　　V——水样体积，mL。

六、思考题

（1）水体中氮、磷的主要来源有哪些？

80

（2）查阅相关资料，简述钼锑抗光度法、氯化亚锡还原光度法和离子色谱法测定水中磷的原理。

实验 19　水中高锰酸盐指数的测定

高锰酸盐指数是反映水体中无机及有机可氧化物质污染的常用指标。定义为：在一定条件下，以高锰酸钾为氧化剂，氧化水中某些有机及无机还原性物质，由消耗高锰酸钾的量计算相当的氧量，以氧的质量浓度（mg/L）来表示。水中的亚硝酸盐、亚铁盐、硫化物等还原性无机物和在此条件下可被氧化的有机物，均可消耗高锰酸钾。因此，高锰酸盐指数常被作为水体受还原性有机和还原性无机物质污染程度的综合指标。为避免 Cr(Ⅵ) 的二次污染，日本、德国等国家也用高锰酸钾作为氧化剂测定废（污）水的化学需氧量，但相应的排放标准也较严格。

高锰酸盐指数不能作为理论需氧量或者总有机物含量的指标，因为在规定的条件下，许多有机物只能部分地被氧化，易挥发的有机物也不能包含在测定值之内。

化学需氧量和高锰酸盐指数是采用不同的氧化剂各自的氧化条件下测定的，难以找出明显的相对关系。一般来说重铬酸钾法的氧化率可达 90%，而高锰酸钾的氧化率为 50% 左右，二者均未将水样中还原性物质全部氧化，因而都只是相对参考数据。

按测定溶液的介质不同，该方法分为酸性高锰酸钾法和碱性高锰酸钾法。本实验采用酸性高锰酸钾法。碱性高锰酸钾法测定高锰酸盐指数的过程与酸性高锰酸钾法基本一致，只是在加热之前将溶液用氢氧化钠溶液调至碱性，在加热反应后加入硫酸酸化，再按高锰酸钾法测定。因为在碱性条件下高锰酸钾的氧化能力比酸性条件下稍弱，此时不能氧化水中的氯离子，故常用于测定氯离子浓度较高的水样。酸性高锰酸钾法适用于氯离子浓度不高于 300mg/L 的水样，当氯离子高于 300mg/L 时，采用在碱性介质中的氧化测定方法。样品中亚硝酸盐、硫化物和 Fe^{2+} 等可被测定。

本方法适用于饮用水、水源地和地面水的测定，测定范围为 0.5~4.5mg/L。对污染较重的水样，可少取水样，经适当稀释后再测定。

本方法不适用于测定工业废水中有机污染物的负荷量，如需测定，可采用重铬酸钾测定化学需氧量。

水样采集后，应加入酸使 pH<2，以抑制微生物活动。样品应尽快分析，并在 48h 内测定。

一、实验目的

（1）掌握高锰酸盐指数的定义及其与化学需氧量的区别；
（2）掌握用高锰酸钾测定高锰酸盐指数的原理及其过程；
（3）熟练掌握天平使用、溶液配制、移液、滴定等基本操作技能。

二、实验原理

水样加入硫酸使其呈酸性后，加入一定量的高锰酸钾溶液，并在沸水浴中加热反应一定的时间。剩余的高锰酸钾，用草酸钠溶液还原并加至过量，再用高锰酸钾溶液回滴过量的草酸钠，通过计算求出高锰酸钾指数值。

显然高锰酸盐指数是一个相对的条件性指标，其测定结果与溶液的酸度、高锰酸盐浓度、加热温度和时间有关。因此，测定时必须严格遵守操作规定，使结果具可比性。

三、仪器与试剂

1. 仪器

（1）沸水浴装置（有足够的容积）。

（2）250mL 锥形瓶。

（3）50mL 酸式滴定管。

（4）定时钟。

2. 试剂

（1）高锰酸钾（KMnO₄）：分析纯。

（2）硫酸（H₂SO₄）：相对密度为 1.84mg/L。

（3）草酸钠（Na₂C₂O）：分析纯。

四、实验内容

1. 高锰酸钾溶液的配制

（1）高锰酸钾储备液（1/5KMnO₄＝0.1mol/L）的配制

称取 3.2g 高锰酸钾溶于 1.2L 水中，加热煮沸，使体积减少到约 1L，放置过夜，用G-3玻璃砂芯漏斗过滤后，滤液贮于棕色瓶中保存。

（2）高锰酸钾使用液（1/5KMnO₄＝0.01mol/L）的配制

吸取 10mL 上述高锰酸钾溶液，用水稀释至 100mL，贮于棕色瓶中。使用当天应进行标定，并调节至 0.01mol/L 准确浓度。

2. （1+3）硫酸溶液的配制

在不断搅拌下，将 10mL 浓硫酸缓慢加入到 30mL 去离子水中，趁热加入数滴高锰酸钾溶液至微红色。

3. 草酸钠溶液的配制

（1）草酸钠标准储备液（1/2Na₂C₂O₄＝0.100mol/L）的配制

称取 0.6705g 在 105～110℃烘干 1h 并冷却的草酸钠溶于水，移入 100mL 容量瓶中，用水稀释至标线。

（2）草酸钠标准使用液（1/2Na₂C₂O₄＝0.0100mol/L）的配制

吸取 10.00mL 草酸钠标准储备液，移入 100mL 容量瓶中，用水稀释至标线。

4. 水样测定

（1）分取 100mL 混匀水样于 250mL 锥形瓶中。如高锰酸钾指数高于 5mg/L，则酌情少取，并用水稀释至 100mL。

（2）加入 5mL（1+3）硫酸，摇匀。

（3）加入 0.01mol/L 高锰酸钾溶液 10.00mL，摇匀，立刻放入沸水浴中加热 30min±2min（从水浴重新沸腾起计时）。沸水浴液面要高于反应溶液的液面。

（4）取下锥形瓶，趁热加入 0.0100mol/L 草酸钠标准溶液 10.00mL 至溶液变为无色，摇匀。立即用 0.01mol/L 高锰酸钾溶液滴定至显微红色，并保持 30s 不褪色，记录高锰酸钾溶液消耗量（V_1）。

若水样经稀释时，应同时另取 100mL 水，同水样操作步骤进行空白试验。

5. 高锰酸钾溶液浓度的标定

将上述已滴定完毕的溶液加热至约 70℃，准确加入 0.0100mol/L 草酸钠标准溶液 10.00mL，再用 0.01mol/L 高锰酸钾溶液滴定至显微红色。记录高锰酸钾溶液消耗量（V_2）。

五、数据处理

1. 高锰酸钾溶液的校正系数的计算

$$K = \frac{10.00}{V_2}$$

式中　V_2——高锰酸钾溶液标定时的消耗量，高锰酸钾溶液的体积，mL。

2. 高锰酸盐指数的计算

高锰酸盐指数（I_{Mn}）以每升样品消耗氧的数量来表示（O_2，mg/L）。

（1）水样不稀释时，按式（19-1）计算。

$$I_{Mn} = \frac{[(10.00+V_1)K-10.00] \times c \times 8 \times 1000}{100.0} \qquad (19-1)$$

式中　I_{Mn}——高锰酸盐指数，mg/L；

　　　K——校正系数[单位体积（以 mL 计）高锰酸钾标准溶液（$1/5KMnO_4$）相当于草酸钠标准溶液（$1/2Na_2C_2O_4$）的体积（以 mL 计）]；

　　　c——草酸钠溶液的浓度，mol/L；

　　　8——氧（$1/4O_2$）的摩尔质量，g/mol；

　　　100——取水样的体积，mL。

（2）水样稀释时，按式（19-2）计算。

$$I_{Mn} = \frac{\{[(10.00+V_1)K-10.00]-[(10.00+V_0)K-10.00]f\} \times c \times 8 \times 1000}{V_2} \qquad (19-2)$$

式中　V_0——空白试验中消耗高锰酸酸钾标准溶液（$1/5KMnO_4$）的体积，mL；

　　　V_2——取原水样的体积，mL；

　　　f——稀释后的水样中含稀释水的比例（如 10.00 水样稀释至 100.00mL，则 f = 0.90）。

六、思考题

（1）高锰酸盐指数和化学需氧量有什么区别？

（2）为什么沸水浴的液面要高于锥形瓶内溶液的液面？

（3）加热时若红色退去说明什么问题？

实验 20　校园湖水溶解氧的测定

溶解于水中的分子态氧称为溶解氧（Dissovlved Oxygen，DO）。水中溶解氧的含量与大气压、水温及含盐量等因素有关。大气压下降、水温升高、含盐量增加，都会导致溶解氧含量降低。清洁的地表水溶解氧含量接近饱和。当有大量藻类繁殖时，溶解氧可过饱和。当水体受到有机物质、无机还原性物质污染时，溶解氧含量降低，甚至趋于零，此时厌氧微生物繁殖活跃，水质恶化。水中溶解氧低于 3~4mg/L 时，许多鱼类呼吸困难；继续减少，则会窒息死亡。一般规定水体中溶解氧至少在 4mg/L 以上。在废（污）水生化处理过程中溶解氧也是一项重要的控制指标。

测定溶解氧时，采样是个非常重要的问题。为了不使水样曝气或者有气泡残留在采样瓶中，先用水样冲洗采样瓶，然后使水样沿瓶壁注入并充满采样瓶，或用虹吸管插入采样瓶底部，让水样溢出瓶容积的 1/3~1/2。采样后立即加固定剂（$MnSO_4$+KI），并存放在冷暗处。

测定水中溶解氧的方法有碘量法、修正的碘量法、氧电极法、荧光光谱法等。清洁水可用碘量法，受污染的地表水和工业废水必须用修正的碘量法或氧电极法。

当水样呈强酸或强碱性时，可用氢氧化钾或盐酸调至中性后测定。水样中游离氯大于 0.1mg/L 时，应加入硫代硫酸钠除去，具体方法如下：

250mL 的碘量瓶装满水样，加入 5mL（1+5）硫酸和 1g 碘化钾，摇匀，此时应有碘析出，吸取 100.0mL 该溶液与另一个 250mL 碘量瓶中，用硫代硫酸钠标准溶液滴定至浅黄色，加入 1%淀粉溶液 1.0mL，再滴定至蓝色刚好消失。根据计算得到氯离子浓度，向待测水样中加入一定量的硫代硫酸钠溶液，以消除游离氯的影响。

水样采集后，应加入硫酸锰和碱性碘化钾溶液以固定溶解氧，当水样含有藻类、悬浮物、氧化还原性物质，必须进行预处理。

一、实验目的

(1) 了解溶解氧的意义和测定方法。
(2) 熟悉氧化还原滴定的原理。
(3) 掌握水样采样方法和预处理方法。
(4) 掌握碘量法测定溶解氧的原理和操作技术。

二、实验原理

碘量法测定溶解氧的依据是利用氧的氧化性，在碱性环境中将低价锰氧化成高价锰，生成四价锰的氢氧化物沉淀。加酸后，氢氧化物沉淀溶解并与碘离子反应释出游离碘，析出碘的摩尔数与水中溶解氧的当量数相等，因此可用以淀粉作指示剂，硫代硫酸钠的标准溶液滴定。根据硫代硫酸钠的用量，计算出水中溶解氧的含量。

反应按下列各式进行：

$$2MnSO_4+4NaOH \Longrightarrow 2Mn(OH)_2 \downarrow （白色）+2Na_2SO_4$$

$$2Mn(OH)_2+O_2 \Longrightarrow 2MnO(OH)_2 \downarrow （棕色）$$

$$MnO(OH)_2+2H_2SO_4 \Longrightarrow Mn(SO_4)_2+3H_2O$$

$$Mn(SO_4)_2+2KI \Longrightarrow MnSO_4+I_2+K_2SO_4$$

$$I_2+2Na_2S_2O_3 \Longrightarrow 2NaI+Na_2S_4O_6$$

当水样中含有氧化性物质、还原性物质及有机物时，会干扰测定，应预先消除并根据不同的干扰物质采用修正的碘量法。

84

三、仪器与试剂

1. 仪器

（1）250mL 溶解氧瓶；

（2）250mL 锥形瓶；

（3）25mL 酸式滴定管；

（4）50mL 移液管。

2. 试剂

（1）硫酸锰溶液：称取 480g $MnSO_4 \cdot 4H_2O$ 溶于 300~400mL 水中，若有不溶物，应过滤，稀释至 1000mL。此溶液加至酸化过的碘化钾溶液中，遇淀粉不得产生蓝色。

（2）碱性碘化钾溶液：称取 500g 氢氧化钠溶于 300~400mL 水中，冷却；另称取 150g KI 溶于 200mL 水中；将两种溶液混合均匀，并稀释至 1000mL。如有沉淀，则放置过夜后，倾出上清液，贮于棕色瓶内，用橡皮塞塞紧，避光保存。此溶液酸化后，遇淀粉应不呈蓝色。

（3）浓硫酸：$\rho = 1.84 g/cm^3$。

（4）1%淀粉溶液：称取 1g 可溶性淀粉，用少量水调成糊状，然后加入刚煮沸的 100mL 水（也可加热 1~2min）。冷却后加入 0.1g 水杨酸或 0.4g 氯化锌防腐。

（5）重铬酸钾：分析纯。于 110℃ 干燥 2h。

（6）硫代硫酸钠 $Na_2S_2O_3 \cdot 5H_2O$：分析纯。

四、实验内容

1. 0.0250mol/L 重铬酸钾标准溶液的配制

精确称取在于 110℃ 干燥 2h 的分析纯重铬酸钾 0.1226g，溶于蒸馏水中，移入 100mL 的容量瓶中，稀释至刻度。

2. 0.01mol/L 硫代硫酸钠溶液的配制

称取 1.3g 左右 $Na_2S_2O_3 \cdot 5H_2O$，溶于经煮沸冷却的水中，加入 0.2g 无水碳酸钠，稀释至 500mL，储于棕色试剂瓶内，使用前用 0.0250mol/L 重铬酸钾标准溶液标定。

3. (1+5)硫酸溶液的配制

取 25mL 去离子水于 100mL 烧杯中，在不断搅拌下，将 5mL 硫酸缓慢加入到 25mL 去离子水中。

4. 硫代硫酸钠溶液的标定

在 250mL 碘量瓶中加入 25mL 蒸馏水、0.5g 碘化钾、10.00mL 0.0250mol/L 重铬酸钾溶液和 5mL(1+5)硫酸，摇匀，加塞后置于暗处 5min，用待标定的硫代硫酸钠溶液滴定至浅黄色，然后加入 1%淀粉溶液 1.0mL，继续滴定至蓝色刚好变为淡绿色为止，记录用量。平行做 2 份，取平均值。

5. 水样测定

（1）取样

将洗净的 250mL 碘量瓶用待测水样荡洗 3 次。用虹吸法将细玻璃管插入瓶底，注入水样溢流出瓶容积的 1/3~1/2，迅速盖上瓶塞。取样时绝对不能使采集的水样与空气接触，且瓶中不能留有空气泡。否则另行取样。

（2）溶解氧固定

取下瓶塞，立即用移液管加入 1mL 硫酸锰溶液。加注时，应将移液管插入液面下约 10mm，切勿将移液管中的空气注入瓶中。以同样的方法加入 2mL 碱性碘化钾溶液。盖上瓶塞，注意瓶内不能留有气泡。然后将碘量瓶颠倒混合 3 次，静置。待生成的棕色沉淀物下降至瓶高一半时，再颠倒混合均匀。继续静置，待沉淀物下降至瓶底后，轻启瓶塞，立即用移液管插入液面以下加入 2mL 浓硫酸。小心盖好瓶塞颠倒摇匀。此时沉淀应溶解。若溶解不完全，可再加入少量浓硫酸至溶液澄清且呈黄色或棕色（因析出游离碘）。置于暗处 5min。

（3）分析

从碘量瓶内取出 2 份 V_2（100.0mL）水样，分别置于 2 个 250mL 锥形瓶中，用硫代硫酸钠溶液滴定至溶液呈淡黄色时，加入 1% 淀粉溶液 1mL，继续滴定至蓝色刚好消失为止，即为终点，记录硫代硫酸钠溶液的消耗量（V_3）。

6. 实验原始纪录

硫代硫酸钠溶液标定结果、水样测定结果记录于表 20-1。

表 20-1　实验原始记录

项　目	锥形瓶编号	1	2
$Na_2S_2O_3$ 的标定	滴定管终读数/mL		
	滴定管始读数/mL		
	$Na_2S_2O_3$ 溶液用量/mL		
水样测定	取样体积/mL	100.00	100.00
	滴定管终读数/mL		
	滴定管始读数/mL		
	$Na_2S_2O_3$ 溶液用量/mL		

五、数据处理

1. 硫代硫酸钠浓度 c_1 计算

$$c_1 = \frac{c_2 \times 10.00}{V_1}$$

式中　c_2——重铬酸钾标准溶液的浓度，mol/L；

V_1——标定时消耗的硫代硫酸钠溶液的体积，mL。

2. 水样中溶解氧含量计算

$$DO(O_2, \text{mg/L}) = \frac{c_1 \times V_3 \times 8 \times 1000}{V_2}$$

式中　c_1——硫代硫酸钠溶液的物质的量浓度，mol/L；

V_3——消耗的硫代硫酸钠溶液的体积，mL；

8——氧的摩尔质量 1/2 O，g/mol；

V_2——水样的体积，mL。

3. 实验结果

实验结果记录于表 20-2。

表 20-2　实验测定结果

锥形瓶编号	1	2
$Na_2S_2O_3$ 的量浓度/(mol/L)		
$Na_2S_2O_3$ 平均量浓度/(mol/L)		
溶解氧/(mg/L)		
溶解氧平均值/(mg/L)		

六、思考题

（1）采样瓶中为什么不能留有空气泡？

（2）测定溶解氧有何意义？

（3）三价铁离子对测定有何影响？如何消除？

实验 21　校园湖水石油类的测定

油类物质是一类常见的、往往含有致癌等多环芳烃的环境污染物，如果漂浮于水体表面，将影响空气与水体界面氧的交换，若存在于水中则可被生物氧化分解，消耗水中的溶解氧，使水质恶化，严重破坏水体生态平衡；另外，油类物质经水生生物富集后会危害人体健康。油类物质对环境的污染已成为一个全球关注的、越来越严重的话题，引起各国环保部门的高度重视。

石油类物质是指在规定的条件下，用四氯化碳萃取而不被硅酸镁吸附，在波数为 A_{2930}、A_{2960}、A_{3030}，全部或部分谱带处有特征吸收的物质。当使用其他溶剂（如三氯三氟乙烷等）或吸附剂（如三氧化二铝、5A 分子筛等）时，需进行测定值的校正。

动物油、植物油是指在规定的条件下，用四氯化碳萃取，并且被硅酸镁吸附的物质。当萃取物中含有非动物油、植物油的极性物质时，应在测试报告中加以说明。

油类物质要单独采样，不允许在实验室内再分样，使用的器皿应避免有机物污染。

采样时应连同表层水一并采集，并在样品瓶上作一个标记，用以确定样品体积。当只测定水中乳化状态和溶解性油类物质时，应避开漂浮在水体表面的油膜层，在水面下 20～50cm 处取样。当需要报告一段时间内油类物质的平均浓度时，应在规定的时间间隔分别采样，而后分别测定。

若样品采集后不能在 24h 内测定，则采样后应加盐酸酸化至 pH<2，并于 2～5℃下冷藏保存。

石油类物质测定的校正系数是以四氯化碳为溶剂，分别配制 100mg/L 正十六烷、100mg/L 姥鲛烷和 400mg/L 甲苯溶液，用四氯化碳作参比溶液，使用 1cm 比色皿，分别测量正十六烷、姥鲛烷和甲苯三种溶液在 2930cm⁻¹、2960cm⁻¹、3030cm⁻¹ 处的吸光度 A_{2930}、A_{2960}、A_{3030}，正十六烷、姥鲛烷和甲苯三种溶液在上述波数处的吸光度均服从于通用式（21-1），由此得出的联立方程式经求解后，可分别得到相应的校正系数 X、Y、Z 和 F。

$$c = X \cdot A_{2930} + Y \cdot A_{2960} + Z\left(A_{3030} - \frac{A_{2930}}{F}\right) \qquad (21-1)$$

式中　　　　　　c——萃取溶液中化合物的含量，mg/L；

A_{2930}、A_{2960}、A_{3030}——各对应波数下测得的吸光度；

      X、Y、Z——与各种 C—H 键吸光度相对应的系数；

          F——脂肪烃对芳香烃影响的校正因子，即正十六烷在 2960cm^{-1} 和 3030cm^{-1} 的吸光度之比。

实际工作中通常不需要分析人员测定校正系数，红外测油仪出厂时已经将相关系数内置于仪器中。分析人员只需要定期对仪器进行校准。

校准需要的标准油是由正十六烷、姥鲛烷和甲苯，按 5 : 3 : 1 的比例配成混合烃组成。使用时根据所需浓度，准确称取适量的混合烃，以四氯化碳为溶剂配成适当浓度范围（5mg/L、40mg/L、80mg/L 等）的混合烃系列溶液。可直接购置定值标准油对仪器进行校准。

使用标准油对仪器进行校准，将仪器测定值与已知标准值进行比较，测定值的回收率在 90%~110% 范围内，则校正系数可采用，否则应重新测定校正系数并检验，直至符合条件为止。采用异辛烷代替姥鲛烷、苯代替甲苯测定校正系数时，用正十六烷、异辛烷和苯按 65 : 25 : 10 的比例配制混合烃，然后按相同方法检验校正系数。

一、实验目的

(1) 掌握水中石油类污染物测定的基本原理；

(2) 掌握红外分光光度计的使用方法。

二、实验原理

用四氯化碳萃取水中的油类物质，测定总萃取物，然后将萃取液用硅酸镁吸附，经脱除动物油、植物油等极性物质后，测定石油类物质。总萃取物和石油类的含量均由波数分别为 2930cm^{-1}（CH 基团中 C—H 键的伸缩振动）、2960cm^{-1}（CH$_3$ 基团中 C—H 键的伸缩振动）和 3030cm^{-1}（芳香环中 C—H 键的伸缩振动）谱带处的吸光度 A_{2930}、A_{2960}、A_{3030} 进行计算。动物油、植物油的含量按总萃取物与石油类物质含量之差计算。

三、仪器与试剂

1. 仪器

(1) 红外测油仪：能在 3400~2400cm^{-1} 之间进行扫描操作，并配 1cm 石英比色皿。

(2) 分液漏斗：1000mL，活塞上不得使用油性润滑剂（最好为聚四氟乙烯活塞的分液漏斗）。

(3) 容量瓶：50mL、100mL 和 1000mL。

(4) 玻璃砂芯漏斗：G-1 型 40mL。

(5) 采样瓶：玻璃瓶。

2. 试剂

除特别说明外，均使用符合国家标准的分析纯试剂和蒸馏水。

(1) 四氯化碳（CCl$_4$）：在 2600~3300cm^{-1} 之间扫描，其吸光度应不超过 0.03（1cm 比色皿、空气池作参比）。

注：四氯化碳有毒，操作时要谨慎小心，并在通风橱内进行。

(2) 硅酸镁（Magnesium Silicate）：60~100 目。取硅酸镁于瓷蒸发皿中，置高温炉内

500℃加热2h，在炉内冷却至200℃后，移入干燥器中冷却至室温，于磨口玻璃瓶内保存。

（3）吸附柱：内径10mm、长约200mm的玻璃层析柱。

（4）无水硫酸钠（Na_2SO_4）：在高温炉内300℃加热2h，冷却后装入磨口玻璃瓶中，于干燥器内保存。

（5）氯化钠，分析纯。

（6）盐酸（HCl）：$\rho = 1.18g/mL$。

（7）（1：5）盐酸溶液。

（8）氢氧化钠溶液：50g/L。

（9）硫酸铝[$Al_2(SO_4)_3 \cdot 18H_2O$]溶液：130g/L。

四、实验内容

1. 硅酸镁吸附柱的制备

（1）称取适量的经烘干硅酸镁于磨口玻璃瓶中，根据干燥硅酸镁的质量，按6%的比例加适量的蒸馏水，密塞并充分振荡数分钟，放置约12h。

（2）取吸附柱，在出口处填塞少量用萃取溶剂浸泡并晾干后的玻璃棉，将已处理好的硅酸镁缓缓倒入玻璃层析柱中，边倒边轻轻敲打，填充高度为80mm。

2. 水样萃取

（1）直接萃取

将一定体积的水样全部倒入分液漏斗中，加盐酸酸化至pH<2，用20mL四氯化碳洗涤采样瓶后移入分液漏斗中，加约20g氯化钠，充分振荡2min，并经常开启活塞排气。静置分层后，将萃取液经已放置约10mm厚度无水硫酸钠的玻璃砂芯漏斗流入容量瓶内。用20mL四氯化碳重复萃取一次。取适量的四氯化碳洗涤玻璃砂芯漏斗，洗涤液一并流入容量瓶，加四氯化碳稀释至标线定容，并摇匀。

将萃取液分成两份，一份直接用于测定总萃取物，另一份经硅酸镁吸附后，用于测定石油类。

（2）絮凝富集萃取

水样中石油类和动物油、植物油的含量较低时，采用絮凝富集萃取法。往一定体积的水样中加25mL硫酸铝溶液并搅匀，然后边搅拌边逐滴加入25mL氢氧化钠溶液，待形成絮状沉淀后沉降30min，以虹吸法弃去上层清液，加适量的盐酸溶液溶解沉淀，下一步骤按直接萃取法进行。

3. 吸附

（1）吸附柱法

取适量的萃取液通过硅酸镁吸附柱，弃去前约5mL的滤出液，余下部分接入玻璃瓶用于测定石油类物质。如萃取液需要稀释，应在吸附前进行。

（2）振荡吸附法

只适合于通过吸附柱后测得的结果基本一致的条件下采用。本法适合大批样品的测量。称取3g硅酸镁吸附剂，倒入50mL磨口三角瓶。加约30mL萃取液，密塞。将三角瓶置于康氏振荡器上，以≥200次/min的速度连续振荡20min。萃取液经玻璃砂芯漏斗过滤，滤出液接入玻璃瓶用于测定石油类物质。如萃取液需要稀释，应在吸附前进行。

经硅酸镁吸附剂处理后，由极性分子构成的动、植物油被吸附，而非极性的石油类物质不被吸附。某些非动、植物油的极性物质(如含有—C—O、—OH 基团的极性化学品等)同时也被吸附,当水样中明显含有此类物质时,可在测试报告中加以说明。

4. 样品测定

打开红外测油仪,按照仪器的操作规程,打开"红外法测样品"界面,放入装有纯四氯化碳溶液的比色皿,输入参比比色皿编号,单击"扫描",进行样品空白测定,空白测定完成后,放入装有样品溶液的比色皿,单击"扫描"进行样品测定。如果样品是经硅酸镁吸附后的萃取液,测定结果为石油类含量。萃取液直接进行测定,测定结果为总萃取物,总萃取物与石油类含量之差为动、植物油的含量。测定原始数据记录与表 21-1。

表 21-1　水样测定原始数据

水样编号	仪器显示浓度/(mg/L)	CCl₄定容体积/mL	取样体积/mL

五、数据处理

1. 水样石油类物质的计算

$$石油(mg/L) = \frac{c_1 V_1}{V_0}$$

式中　c_1——仪器显示浓度,mg/L;

V_1——四氯化碳定容的体积,mL;

V_0——水样的体积,mL;

2. 写出实验报告

六、思考题

(1) 水中石油类污染物质的测定方法有哪些?各方法的适用条件是什么?

(2) 本测定方法是否受到油品的影响?

(3) 怎样区分石油类和动物油、植物油类污染物?

实验 22　校园湖水氯化物的测定

氯化物(Cl^-)是水和废水中一种常见的无机阴离子。几乎所有的天然水中都有氯离子存在,它的含量范围变化很大。在河流、湖泊、沼泽地区,氯离子含量一般较低,而在海水、盐湖及某些地下水中,含量可高达数十克/升。在人类的生存活动中,氯化物有很重要的生理作用及工业用途。正因为如此,在生活污水和工业废水中,均含有相当数量的氯离子。

若饮水中氯离子含量达到 250mg/L,相应的阳离子为钠时,会感觉到咸味;水中氯化物含量高时,会损害金属管道和构筑物,并妨碍植物的生长。

常用的氯化物测定方法有 4 种:(1)硝酸银滴定法;(2)硝酸汞滴定法;(3)电位滴定法;(4)离子色谱法。(1)法和(2)法所需仪器设备简单,在许多方面类似,可以任意选用,适用于较清洁的水。(2)法的终点比较易于判断;(3)法适用于带色或浑浊水样;(4)法能同时快速灵敏地包括氯化物在内的多种阴离子,具备仪器条件时可以选用。

样品保存只需将采集的代表性水样,放在干净而化学性质稳定的玻璃瓶或聚乙烯瓶内即可。存放时不必加入特别的保存剂。

饮用水中所含的物质在通常的数量下不发生干扰。溴化物、碘化物和氰化物均能起到与氯化物相同的反应。

硫化物、硫代硫酸盐和亚硫酸盐干扰测定，可用过氧化氢处理予以消除。正磷酸盐含量超过 25mg/L 时发生干扰；铁含量超过 10mg/L 时使终点模糊，可用对苯二酚还原成亚铁消除干扰；少量有机物的干扰可用高锰酸钾处理消除。

废水中有机物含量高或色度大，难以辨别滴定终点时，用 600℃灼烧灰化法预处理废水样，效果最好，但操作手续繁琐。一般情况下尽量采用加入氢氧化铝进行沉淀过滤法去除干扰。

本方法用于天然水中氯化物测定，也适用于经过适当稀释的高矿化废水（咸水、海水等）及经过各种预处理的生活污水和工业废水。

本方法适用的浓度范围为 10~500mg/L。高于此范围的样品，经稀释后可以扩大其适用范围，低于 10mg/L 的样品，滴定终点不易掌握，建议采用硝酸汞滴定法。

一、实验目的

（1）掌握 $AgNO_3$ 溶液的标定方法；
（2）掌握硝酸银滴定法测定水中氯化物原理和方法。

二、实验原理

在中性或弱碱性溶液中（pH = 6.5~10.5），以铬酸钾 K_2CrO_4 为指示剂，用 $AgNO_3$ 标准溶液直接滴定水中 Cl^- 时，由于 AgCl 的溶解度小于 Ag_2CrO_4 的溶解度，根据分步沉淀的原理，在滴定过程中，首先析出 AgCl 沉淀，到达化学计量点后，稍过量的 Ag^+ 与 CrO_4^{2-} 生成 Ag_2CrO_4 砖红色沉淀，指示滴定终点到达。沉淀滴定反应为：

$$Ag+Cl \longrightarrow AgCl \downarrow$$
$$（白色）$$

$$2Ag+CrO_4^{2-} \longrightarrow Ag_2CrO_4 \downarrow$$
$$（砖红色）$$

由于滴定终点时，$AgNO_3$ 的实际用量比理论用量稍多点，因此需要以蒸馏水作空白试验扣除。根据 $AgNO_3$ 标准溶液的量浓度和用量计算水样中氯化物的含量。

三、仪器与试剂

1. 仪器

移液管 25mL，1 支；
酸式滴定管 25mL，1 支；
锥形瓶 250mL，4 个；
电子天平。

2. 试剂

（1）氯化钠：分析纯。
（2）硝酸银：分析纯。

（3）5%K_2CrO_4溶液（指示剂）：称取 5g 铬酸钾 K_2CrO_4 溶于少量水中，用上述 $AgNO_3$ 溶液滴至有红色沉淀生成，混匀。静置 12h，过滤，滤液滤入 100mL 容量瓶中，用蒸馏水稀释至刻度。

（4）0.05mol/L 硫酸溶液（1/2 H_2SO_4）：取 0.3mL 浓硫酸加入 90mL 左右的水中，并稀释至 100mL。

（5）0.05mol/L NaOH 溶液：将 0.2gNaOH 用蒸馏水溶解并稀释至 100mL。

（6）酚酞指示剂：称取 0.5g 酚酞溶于 50mL 95% 乙醇中，加入 50mL 蒸馏水，再滴加 0.05mol/L NaOH 溶液至呈微红色。

（7）氢氧化铝悬浮液：称取 125g 硫酸铝钾 $KAl(SO_4)_2 \cdot 12H_2O$ 或硫酸铝铵 $NH_4Al(SO_4)_2 \cdot 12H_2O$ 溶于 1000mL 蒸馏水中。60℃下徐徐加入 55mL 浓氨水。静置 1 h 后，倾去上层清液，用蒸馏水反复洗涤沉淀物，直至洗出的水无 Cl^- 为止。然后加蒸馏水至悬浮液体积为 1000mL。使用前振荡摇匀。

四、实验内容

1. 氯化钠标准溶液的配制

用减量法准确称取于 500～600℃ 下灼烧 40～50min 并冷却至室温的 NaCl 0.44～0.46g，用少量蒸馏水溶解，转移至 100mL 容量瓶中，稀释至刻度。计算此溶液的准确浓度。

用移液管取 25.00mL 上述溶液转移至 250mL 容量瓶中，稀释至刻度。此溶液为本实验的标准使用液。

2. 硝酸银溶液的配制

称取 $AgNO_3$ 大约为 0.44～0.46g，溶于蒸馏水并稀释至 250mL。如长期保存，需转入棕色试剂瓶中在暗处存放。此溶液的浓度大约为 0.08～0.09mol/L。

3. 硝酸银溶液的标定

吸取 3 份 25.00mL 配制好的 NaCl 标准溶液，同时取 25.00mL 蒸馏水作空白，分别放入 250mL 锥形瓶中，用量筒各加 25mL 蒸馏水和 1mL K_2CrO_4 指示剂。在不断摇动下用 $AgNO_3$ 溶液滴定至淡橘红色，即为终点。记录 $AgNO_3$ 溶液用量于表 22-1。

表 22-1　$AgNO_3$ 标定原始记录

锥形瓶编号	1	2	3	空白
NaCl 标准溶液/mL	25.00	25.00	25.00	0.00
滴定管终读数/mL				
滴定管始读数/mL				
$AgNO_3$ 溶液用量/mL				

4. 水样预处理

（1）如果水样的 pH 值在 6.5～10.5 范围时，可直接滴定；超出此范围的水样应以酚酞作指示剂，用 0.05mol/L H_2SO_4 溶液或 NaOH 溶液调节至 pH≈8.0。

（2）当水样中存在有机物或色度干扰时，取 150mL 水样，放入 250mL 三角瓶中，加 2mL 氢氧化铝悬浮液，振荡过滤，弃去最初滤液 20mL。如仍不能消除干扰，取适量水样放入坩埚中，调 pH 值至 8～9，水浴上蒸干，马弗炉中 600℃ 灼烧 1h，取出冷却。加入 10mL 蒸馏水溶解，移入 250mL 锥形瓶中，调 pH 值至 7 左右，稀释至 50mL。

（3）当水样中存在硫化物、亚硫酸盐或硫代硫酸盐的干扰时，用 NaOH 溶液调水样至中性或弱碱性，加 1mL30%H_2O_2，混匀。1min 后加热至 70~80℃，除去过量的 H_2O_2。

（4）当水样中高锰酸盐指数大于 15mgO_2/L 时，加入少量 $KMnO_4$，煮沸。再加数滴乙醇除去过量 $KMnO_4$，然后过滤取样。

5. 水样测定

吸取 25.00mL 水样 3 份于锥形瓶中，用量筒分别加入 25mL 蒸馏水。同时取 50.00mL 蒸馏水作空白试验。加入 1mL K_2CrO_4 溶液，在剧烈摇动下用 $AgNO_3$ 标准溶液滴定至刚刚出现淡橘红色，即为终点。记录 $AgNO_3$ 标准溶液用量于表 22-2 中。

表 22-2　水样测定原始记录

锥形瓶编号	1	2	3	空白
水样体积/mL	25.00	25.00	25.00	0.00
滴定管终读数/mL				
滴定管始读数/mL				
$AgNO_3$ 溶液用量/mL				

五、数据处理

1. 氯化钠标准溶液量浓度的计算

$$c_1 = \frac{W}{58.45 \times 0.100} \times \frac{1}{10}$$

式中　c_1——氯化钠标准溶液的量浓度，mol/L；

　　　W——所称氯化钠的质量，g；

　0.100——配制氯化钠标准溶液体积，L；

　58.45——氯化钠摩尔质量，g/mol。

2. 硝酸银标准溶液量浓度的计算

$$c = \frac{c_1 V_1}{V - V_0}$$

式中　V——标定时消耗 $AgNO_3$ 溶液的体积，mL；

　　　V_0——空白消耗 $AgNO_3$ 标准溶液的体积，mL；

　　　c_1——氯化钠标准溶液的量浓度，mol/L；

　　　V_1——NaCl 标准溶液的体积，mL；

　　　c——硝酸银标准溶液浓度，mol/L。

3. 氯化物浓度的计算

$$氯化物（Cl^-，mg/L） = \frac{(V_2 - V_0)c \times 35.453 \times 1000}{V_水}$$

式中　V_2——水样消耗 $AgNO_3$ 标准溶液的体积，mL；

　　　c——$AgNO_3$ 标准溶液的量浓度，mol/L；

　　　V_0——空白消耗 $AgNO_3$ 标准溶液的体积，mL；

　　　$V_水$——水样的体积，mL；

　35.453——氯离子的摩尔质量（Cl^-，g/mol）。

4. 实验结果

实验测定结果列于表 22-3。

表 22-3 实验测定结果

锥形瓶编号	1	2	3
$AgNO_3$ 的量浓度/(mol/L)			
$AgNO_3$ 平均量浓度/(mol/L)			
$AgNO_3$ 量浓度绝对偏差			
$AgNO_3$ 量浓度平均偏差			
$AgNO_3$ 量浓度相对标准偏差/%			
氯化物/(mg/L)			
氯化物/(mg/L)平均值			
偏差			
平均偏差			
相对标准偏差/%			

5. 写出实验报告

六、思考题

（1）莫尔法测定水中 Cl⁻时，为什么在中性或弱碱性溶液中进行？

（2）以 K_2CrO_4 作指示剂时，指示剂浓度过高或过低对测定有何影响？

（3）用 $AgNO_3$ 标准溶液滴定 Cl⁻时，为什么必须剧烈摇动？

实验 23 校园湖水生化需氧量的测定

生活污水/工业废水中含有大量有机物。当其污染水域后，这些有机物在水体中分解要消耗大量溶解氧，从而破坏水体中氧的平衡，使水质恶化，因缺氧造成鱼类及其他水生生物死亡。这样的污染事故在我国时有发生。

水体中所含的有机物成分复杂，难以一一测定其成分。人们常常利用水中有机物在一定条件下所消耗的氧来间接表示水体中的有机物的含量，生化需氧量即属于这类的重要指标之一。

水中需氧量是由其中的有机碳引起的，它可以用来作为好氧微生物的能源，通常表示为生物需氧量(BOD)。生化需氧量的经典测定方法是稀释接种法。

BOD 的测量方法是在好氧条件下测量细菌氧化有机物所需的氧气消耗量。氧化过程相对缓慢，通常不能完全在标准的 5 天内完成。简单的有机化合物像葡萄糖几乎在 5 天内能完全被氧化，但生活污水、地表水以及工业废水中可能只有 65% 被氧化，复杂的有机化合物在此期间可能只有 40% 被氧化。然而，已经被普遍接受的是 5 天生化需氧量的标准测定方法。规定在 20℃±1℃培养 5 天，分别测定样品培养前后的溶解氧，二者之差即为 BOD₅ 值，以氧的毫克/升(mg/L)表示。有关溶解氧测定方法，参见本书实验 20。

由于大多数废水组成很复杂，包含各种用生物活性法不容易分解的有机化合物，这些物质彻底分解所需的需氧量并没有包含在这一系统中。应该记住，如果有有毒物质在，任何生物试验的结果都是错误的。因此，在很多情况下，有必要增加微生物样本来进行调查，以获得一个有效的 BOD 值，这被称为接种。

本实验方法适用于测定 BOD_5 大于或等于 2mg/L、最大不超过 6000mg/L 的水样。当水样 BOD_5 超过 6000mg/L，会因稀释带来一定的误差。

测定一般水样的 BOD_5 时，硝化作用很不明显或根本不发生。但对于生物处理池出水，则含有大量硝化细菌。因此，在测定时 BOD_5 也包括了部分含氯化合物的需氧量。对于这种水样，如只需测定有机物的需氧量，应加入硝化抑制剂，如丙烯基硫脲（AUT，$C_4H_2N_2S$）等。

为检查稀释水和接种液的质量，以及化验人员的操作技术，可配制葡萄糖、谷氨酸标准溶液，即分别称取葡萄糖、谷氨酸 150mg 溶于 1000mL 容量瓶中，取 20mL 葡萄糖—谷氨酸标准溶液用接种稀释水稀释至 1000mL，测其 BOD_5，其结果应在 180~230mg/L 之间。否则，应检查接种液、稀释水或操作技术是否存在问题。

一、实验目的

（1）了解 BOD 测定的意义及稀释法测定 BOD_5 的基本原理；
（2）掌握本方法的操作技术。

二、实验原理

生化需氧量是指在有氧条件下，微生物分解有机物质的生物化学过程中所需要的溶解氧量。分别测定水样培养前溶解氧含量与在 20℃±1℃ 培养 5 天后的溶解氧含量，两者之差即 BOD_5，以氧的 mg/L 表示。

在两个或三个稀释比的样品中，凡消耗溶解氧大于 2mg/L 和剩余溶解氧大于 1mg/L 有效。计算结果时，应取平均值。

三、仪器与试剂

1. 仪器
（1）恒温培养箱；
（2）10L 细口玻璃瓶；
（3）1000mL 量筒；
（4）玻璃搅棒：玻璃棒长度应比所用量筒高度长 20cm，在棒的底端固定一个直径比量筒直径略小、并带有几个小孔的硬橡胶板；
（5）溶解氧瓶：250~300mL，带有磨口玻璃塞并具有供水封用的钟形口；
（6）虹吸管：分取水样和添加稀释水时用。

2. 试剂
除特别说明外，均使用符合国家标准的分析纯试剂和蒸馏水。
（1）盐酸溶液（0.5mol/L）：将 4.0mL（$\rho=1.18g/mL$）盐酸溶于水，稀释至 100mL。
（2）氢氧化钠溶液（0.5mol/L）：取 2.0g 氢氧化钠溶于水，稀释至 100mL。
（3）氯化钙溶液：将 2.76g 无水氯化钙溶于水，稀释至 100mL。
（4）硫酸镁溶液：将 2.25g 硫酸镁（$MgSO_4 \cdot 7H_2O$）溶于水中，稀释至 100mL。

（5）氯化铁溶液：将 0.258 氯化铁($FeCl_3 \cdot 6H_2O$)溶于水，稀释至 100mL。

（6）亚硫酸钠溶液（$1/2\ Na_2S_2O_3 = 0.025mol/L$）：将 0.1576 亚硫酸钠溶于水，稀释至 100mL。此溶液不稳定，需当天配制。

（7）磷酸二氢钾（KH_2PO_4）。

（8）磷酸氢二钾（K_2HPO_4）。

（9）磷酸氢二钠（$Na_2HPO_4 \cdot 7H_2O$）。

（10）氯化铵（NH_4Cl）。

四、实验内容

1. 实验溶液的配制

（1）磷酸盐缓冲溶液的配制

将 0.85g 磷酸二氢钾（KH_2PO_4），2.175g 磷酸氢二钾（K_2HPO_4），3.348g 磷酸氢二钠（$Na_2HPO_4 \cdot 7H_2O$）和 0.17g 氯化铵（NH_4Cl）溶于水中，稀释至 100mL 此溶液的 pH 值应为 7.2。

（2）稀释水的制备

在 10L 玻璃瓶内装入一定量的水，控制水温在 20℃左右。然后用无油空气压缩机或薄膜泵将此水曝气 2~8h，使水中的溶解氧接近饱和，也可以曝气导入适量纯氧。瓶口盖上两层经洗涤晾干的纱布，置于 20℃培养箱中放置数小时，使水中溶解氧含量达 8mg/L 左右。临用前于每升水中加入氯化钙溶液、氯化铁溶液、硫酸镁溶液、磷酸盐缓冲溶液各 1mL，并混合均匀。稀释水的 pH 值应为 7.2，其 BOD_5 应小于 0.2mg/L。

（3）接种液的制备

取 100g 花园土壤或植物生长土壤，加入 1L 水，混合并静置 10min，取上清溶液供用。

（4）接种稀释水的制备

取适量接种液，加于稀释水中，混匀。每升稀释水中接种液加入接种液 20~30mL。接种稀释水配制后应立即使用。

2. 水样的预处理

（1）水样的 pH 值若超出 6.5~7.5 范围时，可用盐酸或氢氧化钠稀溶液调节至近于 7，但用量不要超过水样体积的 0.5%。若水样的酸度或碱度很高，可改用高浓度的碱液或酸液进行中和。

（2）水样中含有铜、铅、锌、镉、铬、砷、氰等有毒物质时，可使用经驯化的微生物接种液的稀释水进行稀释，或增大稀释倍数，以减小毒物的浓度。

（3）含有少量游离氯的水样，一般放置 1~2h 游离氯即可消失。对于游离氯在短时间内不能消散的水样，可加入亚硫酸钠溶液去除。其加入量的计算方法是：取中和好的水样 100mL，加入（1+1）乙酸 10mL，10%碘化钾溶液 1mL，混匀。以淀粉溶液作指示剂，用亚硫酸钠标准溶液滴定游离碘。根据亚硫酸钠标准溶液消耗的体积及其浓度，计算水样中所需加入的亚硫酸钠溶液的体积。

（4）从水温较低的水域中采集的水样，可遇到含有过饱和溶解氧的情况，此时应将水样迅速升温至 20℃左右，充分振摇，以赶出过饱和的溶解氧。从水温较高的水域或废水排出口取得的水样，则应迅速使其冷却至 20℃左右，并充分振荡，使其与空气中氧的分压接近平衡。

3. 水样的测定

（1）不经稀释水样的测定

对于溶解氧含量较高、有机物含量较少的清洁地表水，可不经稀释，而直接以虹吸法将约20℃的混匀水样转移至两个溶解氧瓶内，转移过程中应注意不使其产生气泡。以同样的操作使两个溶解氧瓶充满水样后溢出少许，加塞水封，瓶内不应有气泡。立即测定其中一瓶溶解氧；将另一瓶放入培养箱中，在20℃±1℃培养5天后，测其溶解氧。

（2）需经稀释水样的测定

对于污染的地表水和大多数工业废水，需要稀释后再培养测定。根据实践经验，稀释倍数（指稀释后体积与原水样体积之比）由表23-1给出的系数进行计算。

表23-1　高锰酸盐指数与稀释系数

高锰酸盐指数/（mg/L）	系　　数	高锰酸盐指数/（mg/L）	系　　数
<5	—	10~20	0.4、0.6
5~10	0.2、0.3	>20	0.5、0.7、1.0

一般稀释法：按照选定的稀释比例，用虹吸法沿筒壁先引入部分稀释水（或接种稀释水）于1000mL量筒中，加入需要量的均匀水样，再引入稀释水（或接种稀释水）至800mL，用带胶扳的玻璃棒小心上下搅匀。搅拌时勿使玻璃搅棒的胶板展出水面，防止产生气泡。按不经稀释水样的测定步骤，进行装瓶，测定当天溶解氧和培养5天后的溶解氧含量。

另取两个溶解氧瓶，用虹吸法装满稀释水（或接种稀释水）作为空白，分别测定5天前后的溶解氧。实验原始数据记录于表23-2中。

表23-2　水样测定原始记录

测定结果	立即测定		5天后测定	
	水样	稀释水	水样	稀释水
滴定管终读数/mL				
滴定管始读数/mL				
硫代硫酸钠溶液用量/mL				

五、数据处理

如培养5天后的溶液测定结果满足条件：剩余$OD > 1mg/L$，消耗$OD > 2mg/L$，则能获得可靠的测定结果。若不能满足以上条件，一般应合弃该组结果。在2个或3个稀释比的样品中，凡测定结果满足上述条件，计算结果时，应取平均值。

1. 不经稀释直接培养水样浓度的计算

$$BOD_5(mg/L) = c_1 - c_2$$

式中　c_1——培养前水样的溶解氧浓度，mg/L；

　　　c_2——水样经5天培养后溶解氧浓度，mg/L。

2. 经稀释后培养的水样浓度计算

$$BOD_5(mg/L) = \frac{(c_1 - c_2) - (B_1 - B_2)f_1}{f_2}$$

式中 c_1——稀释后的水样在培养前水样的溶解氧浓度，mg/L；

c_2——稀释后的水样经 5 天培养后溶解氧浓度，mg/L；

B_1——稀释水（或接种稀释水）培养前的溶解氧浓度，mg/L；

B_2——稀释水（或接种稀释水）经 5 天培养后溶解氧浓度，mg/L；

f_1——稀释水（或接种稀释水）在培养液中所占比例；

f_2——水样在培养液中所占比例。

注：f_1、f_2 的计算，例如培养液的稀释比为 3%，即 3 份水样，97 份稀释水，则 $f_1 = 0.97$、$f_2 = 0.03$。

3. 实验结果

水样测定结果填入表 23-3。

表 23-3　水样测定结果

锥形瓶编号	培养前	培养后 1	培养后 2
$Na_2S_2O_3$ 溶液用量/mL			
溶解氧/（mg/L）			
BOD_5/（mg/L）			

4. 写出实验报告

六、思考题

（1）本实验误差的主要来源是什么？如何使实验结果较准确？

（2）BOD_5 在环境评价中有何作用？有何局限性？

实验 24　自来水硬度的测定

一般含有钙镁盐类的水叫硬水。硬水和软水尚无明确界限，硬度小于 5 度的一般称为软水。硬度有暂时硬度和永久硬度之分。

暂时硬度：水中含有钙镁的酸式碳酸盐，遇热即成为碳酸盐沉淀而失去其硬性。反应式如下：

$$Ca(HCO_3)_2 \longrightarrow CaCO_3(完全沉淀) + H_2O + CO_2 \uparrow$$

$$Mg(HCO_3)_2 \longrightarrow MgCO_3(不完全沉淀) + H_2O + CO_2 \uparrow$$

$$MgCO_3 + H_2O \longrightarrow Mg(OH)_2 + CO_2 \uparrow$$

永久硬度：水中含有钙镁的硝酸盐、硫酸盐、氯化物等，加热时不沉淀，但在烧锅炉的温度下，溶解度低的可析出成为锅垢。

暂时硬度和永久硬度的总和称为水的总硬度。由镁离子形成的硬度称为镁硬度，由钙离子形成的硬度称为钙硬度。

水硬度的测定分为水的总硬度以及钙硬度、镁硬度两种，前者测定水中钙镁总量、后者分别测定钙和镁的含量。

硬度通用的单位有：mmol/L、mg/L（以 $CaCO_3$ 计）、德国度。

因为 1mol/L $CaCO_3$ 的分子量为 100.1g，所以 1mmol/L = 100.1mg/L（以 $CaCO_3$ 计）。

1 德国度相当于水中 10mgCaO/L 所引起的硬度，即 1 度。

$$1 \text{ 度} = 10 \text{mg/L(以 CaO 计)}$$
$$1 \text{mmol/L(以 CaO 计)} = 56.1/10 = 5.61 \text{ 度}$$
$$1 \text{ 度} = 100.1/5.61 = 17.8 \text{ mg/L(以 CaCO}_3 \text{计)}$$

我国"生活饮用水卫生标准"规定，总硬度以 $CaCO_3$ 计，不得超过 450mg/L。

国内外规定的测定水的总硬度的标准分析方法是 EDTA 滴定法。以铬黑 T 为指示剂。由于铬黑 T 与 Mg^{2+} 显色的灵敏度高，与 Ca^{2+} 显色的灵敏度低，所以当水样中 Mg^{2+} 的含量较低时，用铬黑 T 作指示剂往往得不到敏锐的终点。这时可在溶液中加入一定量的 Mg-EDTA 缓冲溶液，提高终点变色的敏锐性。

$$\underset{\text{紫红色}}{MgIn^-} + H_2Y^{2-} \longrightarrow \underset{\text{亮蓝色}}{MgY^{2-}} + H^+$$

EDTA(乙二胺四乙酸)标准溶液常用其二钠盐配制，常因吸附约 3% 的水分和其中含有少量杂质而不能直接配制标准溶液，通常采用间接法配制标准溶液。

用于标定 EDTA 的基准物质可以是含量不低于 99.95% 的某些金属。如：Cu、Zn、Pb等，以及它们的氧化物，或者某些盐类，如 ZnO、$CaCO_3$ 等。

铬黑 T 在不同的酸度下显不同的颜色：pH<6 为红色，pH = 7~11 为蓝色；pH>12 为橙色。铬黑 T 与二价金属离子形成的络合物都是红色或紫红色的。因此，只有在 pH = 7~11 范围内使用，指示剂才有明显的颜色变化。根据实验，最适宜的酸度为 pH = 9~10.5。铬黑 T 常用作测定 Mg^{2+}、Zn^{2+}、Pb^{2+}、Mn^{2+}、Cd^{2+}、Hg^{2+} 等离子的指示剂。

铬黑 T 固体相当稳定，但其水溶液仅能保存几天，这是由于发生了聚合反应的缘故，聚合后不能再与金属离子显色，加入三乙醇胺可以防止铬黑 T 聚合。

当试液温度低于 10℃ 时，滴定到终点时的颜色变化缓慢，易使滴定过头。为此，可先将溶液微热至 30℃ 左右后再滴定。

铁、铝、铜、锰等元素对测定有影响。当试样中它们的含量到达干扰测定时，可按下述方法消除干扰：

试样在未加氨缓冲溶液前，先加三乙醇胺溶液，使铁、铝等离子被络合掩蔽；

试样在未加氨缓冲溶液前，加入少量的固体或者液体盐酸羟胺，然后加氨缓冲溶液，滴定，此时二价锰离子不影响滴定终点，但亦被乙二胺四乙酸定量络合而计入总硬度。

如水样中含有铜等重离子，在待滴定的氨性试液中，加入新配制的硫化钠溶液，使铜及其他重金属离子生成硫化物沉淀。

一、实验目的

(1) 学会 EDTA 标准溶液的配制与标定方法；

(2) 掌握络合滴定的基本原理，了解络合滴定的特点；

(3) 了解金属指示剂的变色原理以及使用时的注意事项，学会使用铬黑 T 指示剂判断终点；

(4) 了解硬度的测定意义以及常用的硬度的表示方法；

(5) 掌握水中硬度的测定原理和方法。

二、实验原理

在 pH = 10 的 NH_3-NH_4Cl 缓冲溶液中，络黑 T 与水中 Ca^{2+}、Mg^{2+} 形成紫红色络合物，然

后用 EDTA 标准溶液滴定至终点时，置换出铬黑 T 使溶液呈亮蓝色，即为终点。根据 EDAT 标准溶液的浓度和用量可求出水样中的总硬度。

三、仪器与试剂

1. 仪器

25mL 酸式滴定管，250mL 锥形瓶，50mL、25mL、5mL 和 1mL 移液管。

100mL 烧杯，100mL、250mL、500mL 容量瓶。

2. 试剂

（1）EDTA 钠盐（Na_2-EDTA·$2H_2O$）：分析纯。

（2）铬黑 T 指示剂：称取 0.5g 络黑 T 与 100g 氯化钠充分研细混匀，盛放在棕色瓶中，紧塞。

（3）氯化胺（NH_4Cl）：分析纯。

（4）浓氨水：分析纯。

（5）金属锌：分析纯。

（6）氯化镁（$MgCl_2$·$6H_2O$）：分析纯。

（7）10%盐酸羟胺：取 5g 盐酸羟胺稀释至 50mL。此溶液容易分解，用时新配。

（8）三乙醇胺：20%。

四、实验内容

1. EDTA 溶液的配制

称取 1.5g 左右 EDTA 钠盐（Na_2-EDTA·$2H_2O$）于 100mL 烧杯中，溶于水后转移至 500mL 容量瓶中，用水稀释至刻度。

2. 缓冲溶液（pH≈10）的配制

（1）称取 0.25g 分析纯 $MgCl_2$·$6H_2O$ 于 100mL 烧杯中，加入少量蒸馏水，溶解后转入 100mL 容量瓶中，稀释至刻度。

（2）缓冲溶液的配制：称取 2.2g 分析纯 NH_4Cl 于 100mL 烧杯中，加入蒸馏水 10mL 左右溶解，加入 12mL 浓氨水（密度 0.9g/cm³），转移至 100mL 容量瓶中，用蒸馏水稀释至 70mL 左右，注意不要稀释至刻度。

（3）用移液管取上述（1）配制的 $MgCl_2$ 溶液 10.00mL 放入 250mL 锥形瓶中，加入上述（2）缓冲溶液 5mL，铬黑 T 少许，用 EDTA 标准溶液滴定至溶液刚呈蓝色。记录 EDTA 溶液的用量。

（4）取 $MgCl_2$ 溶液 5mL 于烧杯中，用滴定管加入上述（3）实验所用 EDTA 溶液的用量的二分之一，摇匀，即成 Mg-EDTA 溶液。将此溶液全部倒入（2）缓冲溶液中，并稀释至刻度。

3. 锌标准溶液的配制

（1）锌标准储备液的配制

准确称取 0.45~0.65g 分析纯金属锌，放入烧杯中，加入 2.0~5.0mLHCl，微加热使完全溶解，转移至 100mL 容量瓶中，用蒸馏水洗烧杯数次，洗液转移至容量瓶中，用蒸馏水稀释至刻度，混匀。此溶液的浓度在 0.1mol/L 左右。

（2）锌标准使用液的配制

100

用 25mL 大肚移液管准确吸取 25.00mL 0.1mol/L 锌标准溶液，放入 250mL 容量瓶中，用蒸馏水稀释至刻度。此溶液的浓度在 10mmol/L 左右。

4. EDTA 的标定

分别吸取 3 份 25.00mL 10mmol/L 的锌标准溶液于 3 个 250mL 锥形瓶中，加蒸馏水稀释至 50mL，加几滴氨水，使溶液的 pH 值接近 10，再加入缓冲溶液 5mL 和少量铬黑 T 指示剂，使溶液变成淡红色，用 EDTA 溶液滴定溶液由淡红变为淡蓝色，即为终点，记录用量在表24-1。

表 24-1　EDTA 标定原始记录

锥形瓶编号	1	2	3
滴定管终读数/mL			
滴定管始读数/mL			
EDTA 溶液用量/mL			

5. 自来水总硬度的测定

（1）吸取 50.00mL 自来水水样 3 份，分别放入 250mL 锥形瓶中。

（2）加 1mL 三乙醇胺溶液，掩蔽 Fe^{3+}、Al^{3+} 等干扰。

（3）加 5 滴盐酸羟胺溶液，掩蔽 Mn^{2+} 干扰。

（4）加 5mL 缓冲溶液，此时水样的 pH 值应为 10。

（5）加少量铬黑 T 固体指示剂，使溶液呈淡红色。

（6）立即用 10mmol/L EDTA 标准溶液滴定至蓝色，即为终点(滴定时充分摇动，使反应完全)，记录用量 V_{EDTA}。记录用量在表 24-2。

表 24-2　水样测定原始记录

锥形瓶编号	1	2	3
滴定管终读数/mL			
滴定管始读数/mL			
EDTA 溶液用量/mL			

五、数据处理

1. 锌标准溶液量浓度的计算

$$c_1 = \frac{W}{65.38 \times 0.100} \times \frac{1}{10} \times 1000$$

式中　c_1——锌标准溶液的量浓度，mmol/L；

　　　W——所称锌的质量，g；

　0.100——配制锌标准溶液体积，L；

　65.38——锌摩尔质量，g/mol；

　1/10——稀释倍数。

2. EDTA 溶液量浓度的计算

$$c_{EDTA} = \frac{c_1 V_1}{V}$$

式中　c_{EDTA}——EDTA 标准溶液的量浓度，mmol/L；

V——标定时消耗 EDTA 溶液的体积，mL；

c_1——锌标准溶液的量浓度，mmol/L；

V_1——锌标准溶液的体积，mL。

3. 自来水总硬度的计算

$$总硬度(mmol/L) = \frac{c_{EDTA} V_{EDTA}}{V_0}$$

$$总硬度(CaCO_3, mg/L) = \frac{c_{EDTA} V_{EDTA}}{V_0} \times 100.1$$

式中　c_{EDTA}——EDTA 标准溶液的量浓度，mmol/L；

V_{EDTA}——水样消耗 EDTA 标准溶液的体积，mL；

V_0——水样的体积，mL；

100.1——碳酸钙的摩尔质量，$CaCO_3$，g/moL。

4. 实验结果

EDTA 溶液标定结果填入表 24-3。水样测定结果填入表 24-4。

表 24-3　EDTA 溶液标定结果

锥形瓶编号	1	2	3
EDTA 溶液用量/mL			
EDTA 的量浓度/(mmol/L)			
EDTA 平均量浓度/(mmol/L)			
绝对偏差			
平均偏差			
相对标准偏差/%			

表 24-4　水样测定结果

锥形瓶编号	1	2	3
EDTA 溶液用量/mL			
总硬度/(mmol/L)			
总硬度/(mmol/L)平均值			
偏差			
平均偏差			
相对标准偏差/%			
总硬度($CaCO_3$计, mg/L)			
总硬度($CaCO_3$计, mg/L)平均值			
偏差			
平均偏差			
相对标准偏差/%			

5. 写出实验报告

六、思考题

(1) 滴定过程中控制溶液的 pH 值有何意义？

(2) 水样中有 Fe^{3+}、Al^{3+}、Cu^{2+}、Zn^{2+} 等离子干扰测定，应如何处理？

(3) 乙二胺四乙酸二钠盐（EDTA）在水溶液中，呈酸性还是碱性？

(4) 测定水的硬度时，缓冲溶液中加入 Mg-EDTA 盐的作用是什么？对测定有无影响？

(5) 测定水样时加入三乙醇胺的目的是什么？

实验 25　自来水氟含量的测定

氟化物(F^-)是人体必需的微量元素之一，缺氟易患龋齿病，饮水中含氟的适宜浓度为 $0.5 \sim 1.0 mg/L(F^-)$。当长期饮用含氟量高于 $1.0 \sim 1.5 mg/L$ 的水时，则易患斑齿病，如水中含氟量高于 $4 mg/L$ 时，则可导致氟骨病。

氟化物广泛存在于自然水体中。有色冶金、钢铁和铝加工、焦炭、玻璃、陶瓷、电子、电镀、化肥、农药厂的废水及含氟矿物的废水中常常都存在氟化物。

水中氟化物的测定方法主要有：氟离子选择电极法、氟试剂比色法、茜素磺酸锆比色法和硝酸钍滴定法。电极法选择性好，适用范围宽，水样浑浊，有颜色均可测定，测量范围 $0.05 \sim 1900 mg/L$。比色法适用于含氟较低的样品，氟试剂法可以测定 $0.05 \sim 1.8 mg/L(F^-)$；茜素磺酸锆目视比色法可以测定 $0.1 \sim 2.5 mg/L(F^-)$，由于是目视比色，误差比较大。氟化物含量大于 $5 mg/L$ 时可以用硝酸钍滴定法。对于污染严重的生活污水和工业废水以及含氟硼酸盐的水样要进行预蒸馏。

应使用聚乙烯瓶采集和贮存水样，如果水样中氟化物含量不高，pH 值在 7 以上，也可以用硬质玻璃瓶贮存。

对游离 F^- 测定有干扰的主要离子是 OH^-，因此被测试液的 pH 值应该保持在 $5 \sim 6$ 之间。在 pH 值较低时游离的 F^- 形成 HF 分子，电极不能响应。pH 值过高则 OH^- 有干扰。此外，能与 F^- 生成稳定配合物或难溶化合物的元素也会干扰测定，通常可加掩蔽剂消除其干扰，因此，为了测定 F^- 的浓度，常在标准溶液与试样溶液中，同时加入足够量的相等的离子强度缓冲溶液以控制一定的离子强度和酸度，以消除其他离子干扰。

本实验采用氟离子选择电极法测定自来水中氟离子。安装电极时注意切勿使电极与硬物接触，防止触及杯底而损害；测定时，注意磁力搅拌子要与电极的球泡部位有一定的距离，搅拌速度不要过快，以免打坏电极；氟离子选择复合电极使用前，需用蒸馏水浸泡活化过夜或在 $0.1 mol/L$ NaF 溶液中浸泡 $1 \sim 2 h$，再用蒸馏水洗至空白电位 300 mV 左右，方可使用。电极的单晶薄膜切勿用手指或尖硬的东西碰划，以免损坏或沾上油污影响测定。使用后需用蒸馏水冲洗干净，然后浸入水中，长时间不用时，吹干保存。

一、实验目的

(1) 掌握水中 F^- 测定的原理和方法；

(2) 学会用标准曲线法测定水中氟含量；

(3) 进一步掌握酸度计的使用方法。

二、实验原理

将氟离子选择复合电极浸入欲测含氟溶液，构成原电池。该原电池的电动势与氟离子活度的对数呈线性关系：

$$E = b - 0.0529\lg\alpha_{F^-}$$

式中，b 在一定条件下为一常数。故通过测量电极与已知氟离子浓度溶液组成原电池的电动势，与待测 F^- 浓度溶液组成原电池电动势，即可计算出待测水样中氟离子浓度。

常用的定量方法是标准曲线法和标准加入法。

标准曲线法是在测定未知液之前，先将氟离子选择复合电极浸入一系列含有不同浓度的待测离子(含有离子强度缓冲溶液)的标准溶液中，测定它们的电动势 E，并画出 $E\text{-}pF$ 图，在一定浓度范围内它是一条直线。然后用同一电极测定待测的未知溶液(含有与标准溶液浓度相同的离子强度缓冲溶液)的电动势 E_X。从 $E\text{-}pF$ 图上找出与 E 相应的 pF，即可以计算出自来水中 F^- 的浓度。

三、实验仪器与试剂

1. 仪器

(1) PHB-9901 测试仪；

(2) 氟离子选择复合电极；

(3) 磁力搅拌器、搅拌子。

2. 试剂

(1) 氟化钠(NaF)：分析纯；

(2) 二水合柠檬酸钠：分析纯；

(3) 硝酸钠：分析纯；

(4) 盐酸：1mol/L。

四、实验内容

1. 氟化物标准溶液的配制

(1) 氟化物标准贮备液的配制

称取 0.1105g 基准氟化钠(预先与 105~110℃烘干 2h，或者与 500~650℃烘干 40min，冷却)用水溶解后转入 500mL 容量瓶中，稀释至刻度，摇匀。贮存在聚乙烯瓶中。此溶液每毫升含氟离子 100μg。

(2) 氟化物标准使用液的配制

用移液管吸取氟化物标准贮备溶液 10.00mL，注入 100mL 容量瓶中，稀释至刻度，摇匀。此溶液每毫升含氟离子 10μg。

2. 总离子强度调节缓冲溶液(TISAB)的配制

称取 5.88g 二水合柠檬酸钠和 8.5g 硝酸钠，加水溶解，转入 100mL 容量瓶中，用盐酸调节 pH 值至 5~6，稀释至刻度，摇匀。

3. 标准曲线的绘制

用移液管分别吸取 1.00、3.00、5.00、10.00、20.00mL 氟化物标准溶液，分别置于 5 个 100mL 容量瓶中，加入 10mL 总离子强度调节缓冲溶液(TISAB)，用水稀释至刻度，摇匀。分别移入 100mL 烧杯中，各放入一只搅拌子，按浓度由低到高的顺序，依次插入电极，连续搅拌溶液，读取搅拌状态下的稳定电位值(E)。在每次测定之前，都要用水将电极冲洗干净，并用滤纸吸去水分。在坐标纸上绘制 E-$\lg c_{F^-}$ 标准曲线，最低浓度标于横坐标的起点上。

4. 水样的测定

取 100mL 容量瓶，加入 10mL 总离子强度调节缓冲溶液(TISAB)，用自来水稀释至刻度，摇匀。将其转移至 100mL 烧杯中，放入一只搅拌子，插入电极，连续搅拌溶液，读取搅拌状态下的稳定电位值(E)。在每次测量之前，都要用水充分洗涤电极，并用滤纸吸去水分。

5. 实验数据记录

标样和水样的电位值填入表 25-1。

表 25-1　标样与水样原始记录

加入 NaF/mL	1.00	3.00	5.00	10.00	20.00	水样 1	水样 2
E/mV							

五、数据处理

1. 标准曲线的绘制

测定结果填入表 25-2。以 $\lg c_{F^-}$ 为横坐标，E 为纵坐标绘制标准曲线。

表 25-2　标准曲线绘制

NaF/mL	1.00	3.00	5.00	10.00	20.00
$c_F/(\mu g/mL)$					
$\lg c_{F^-}$					
E/mV					

2. 水样的计算

根据测定的 E 值，可知水样的 $\lg c_F$ 值，计算出水样氟离子浓度。

六、思考题

(1) 测定 F^- 时所谓的 TISAB 是什么？它包含哪些成分？各组分的作用是什么？

(2) 测定 F^- 时，为什么必须按溶液从稀到浓的次序进行？

实验 26　水和废水中锌的测定

锌是人体所必须的微量元素，也是饮用水中常见的微量元素。在不同地区，水中锌含量不同，如在锌矿藏地区水源中的锌含量可偏高。

锌的主要污染源是电镀、冶金、颜料及化工等工业部门排放的废水。

每升水含数毫克锌对人体和温血动物无害，但对鱼类和其他水生生物影响较大，锌对鱼类的安全浓度约为 0.1mg/L，农田灌溉水中锌含量不得高于 1mg/L。

饮用水中含锌 50mg/L 时，会引起恶心和昏厥。水中含锌 10mg/L 时呈现浑浊，含锌

5mg/L 时有金属涩味。当水中锌的浓度超过 3~5mg/L 时，水会呈现乳白色，煮沸时会形成油膜。过量的锌可对胃肠道产生强烈刺激，吸收后主要贮留在肝和胰腺中。过量的锌经口进入人体可发生急性中毒，国标要求生活饮用水锌的含量应小于 1.0mg/L。

本实验采用火焰原子吸收分光光度法测定自来水中锌含量，采用湿法消化的方法对水中的有机物质进行消解，以消除有机物的干扰。

火焰原子吸收分光光度法是根据某元素的基态原子对该元素的特征谱线产生选择性吸收来进行测定的分析方法。将试样喷入火焰，待测元素的化合物在火焰中离解形成原子蒸气，由锐线光源(空心阴极灯)发射的某元素的特征谱线光辐射通过原子蒸气层时，该元素的基态原子对特征谱线产生选择性吸收。在一定条件下，特征谱线光强的变化与试样中被测元素的浓度成正比例。通过对自由基原子对选用吸收线吸光度的测量，确定试样中该元素的浓度。

样品预处理有湿法消化和干法灰化。其目的是将样品中对测定有干扰的有机物和悬浮颗粒分解掉，使待测金属以离子形式进入溶液中。湿法消化是使用具有强氧化性酸，如 HNO_3、H_2SO_4、$HClO_4$ 等与有机化合物溶液共沸，使有机化合物分解除去。干法灰化是在高温下灰化、灼烧，使有机物质被空气中氧所氧化而破坏。

测定结束后，先吸入离子水几分钟，清洁燃烧器，然后关闭仪器。关仪器时，必须先关闭乙炔，再关电源，最后关闭空气。

一、实验目的

(1) 掌握原子吸收分光光度法的原理。
(2) 掌握水样的消化方法，掌握原子吸收分光光度计的使用方法。

二、实验原理

在使用锐线光源条件下，基态原子蒸气对共振线的吸收，符合朗伯-比耳定律：

$$A = \lg(I_0/I_i) = KLN_0$$

在试样原子化时，火焰温度低于 3000K 时，对大多数元素来说，原子蒸气中基态原子的数目实际上接近原子总数。在固定的实验条件下，待测元素的原子总数是与该元素在试样中的浓度 c 成正比的。因此，上式可以表示为

$$A = Kc$$

这就是进行原子吸收定量分析的依据。对组成简单的试样，用标准曲线法进行定量分析较方便。

将试样溶液喷入空气-乙炔贫燃火焰中，锌的化合物即可原子化，于波长 213.9nm 处进行测量。

三、仪器与试剂

1. 仪器
(1) 原子吸收分光光度计；
(2) 锌空心阴极灯；
(3) 乙炔钢瓶；
(4) 空气压缩机。

2. 试剂

（1）金属锌：99.8%；

（2）硝酸：1+1；

（3）硝酸：1.0%；

（4）浓硝酸。

四、实验内容

1. 锌标准储备液的配制

准确称取 0.1000g 金属锌溶于 10mL（1+1）硝酸中，转移至 100mL 容量瓶中，用去离子水稀释至刻度，此溶液含锌量为 1.00mg/mL。

2. 锌标准使用液的配制

（1）准确吸取 10.00mL 浓度为 1.00mg/mL 锌标准贮备液于 100mL 容量瓶中，用 1.0% 的硝酸稀至刻度，摇匀。此锌标准溶液浓度为 0.100mg/mL。

（2）取浓度为 0.100mg/mL 锌标准溶液 10.00mL 于 100mL 容量瓶中，用 1.0% 的硝酸稀至刻度，摇匀。此锌标准溶液浓度为 10.00μg/mL。

3. 锌标准系列的配制

分别移取锌标准使用液（10.00μg/mL）0.00、0.50、1.00、1.50、2.50、3.50mL 于 50mL 容量瓶中，用硝酸溶液 1.0% 稀释至标线，摇匀，其锌的含量为 0.000、0.100、0.200、0.300、0.500、0.700mg/L。以经过空白校正的各测量值为纵坐标，以相应标准溶液的锌浓度（mg/L）为横坐标，绘制出校准曲线。

4. 样品的消化

取 100mL 水样（如果锌浓度高可以酌情减少水样取样量）于 250mL 烧杯中，加入 5mL 硝酸，在电热板上加热消解（不要沸腾）。蒸至 10mL 左右，加入 5mL 硝酸和 2mL 高氯酸，继续消解，直至 1mL 左右。如果消解不完全，再加入 5mL 硝酸和 2mL 高氯酸，再次蒸至 1mL 左右。取下冷却，加水溶解残渣，通过预先用酸洗过的中速定量滤纸过滤，滤液滤入 100mL 容量瓶中，用水稀释至刻度。摇匀待测。

在测定样品的同时，取 100mL 1% 硝酸溶液，按上述相同的程序操作，测定空白样。

5. 设置仪器工作参数

按照仪器操作规程打开仪器，设置光源、灯电流，测定波长、狭缝宽度等工作参数。

6. 测定

将仪器调至最佳工作条件，将标准系列样品和试液顺次喷入火焰，测量吸光度。从校准曲线上求出试液中锌的含量。

7. 原始记录

参见数据及处理部分的表格。

五、数据处理

1. 记录实验条件

填写在表 26-1 中。

表 26-1　仪器操作条件

1	仪器型号	
2	光源	锌空心阴极灯
3	吸收线波长/nm	
4	灯电流/mA	
5	狭缝宽度/mm	
6	燃烧器高度/mm	
7	乙炔流量/(L/min)	
8	空气流量/(L/min)	
9	燃助比(乙炔∶空气)	

2. 标准曲线的绘制

标准溶液测定结果记录于表 26-2。根据标准溶液的测定结果，计算标准曲线 $A = bx + a$ 和相关系数。相关值填入表 26-2 中。

表 26-2　标准溶液测定结果(终体积 50mL、$Zn^{2+} = 10.0\mu g/mL$)

Zn 标液加入量/mL	0.0	0.5	1.00	1.50	2.50	3.50
Zn 浓度/(μg/mL)	0.0	0.10	0.20	0.30	0.50	0.70
吸光度值 A						

3. 水样测定结果

测定消解后水样的吸光度，然后根据标准曲线回归方程计算水样中锌浓度。若经稀释，需乘上相应倍数，求得水样中锌含量。并记录于表 26-3。

表 26-3　水样测定结果

水样体积/mL		吸光度值 A	
浓缩倍数		Zn 浓度/(μg/mL)	

六、思考题

(1) 水样消解的目的是什么？

(2) 原子吸收光谱法与吸光光度法有哪些异同点？

(3) 原子吸收分光光度法主要的测定条件有哪些？简述其对测定结果的影响。

实验 27　水和废水中总有机碳的测定

总有机碳(TOC)是以碳的含量表示水体中有机物质总量的综合指标。

TOC 是评价水体被有机物质污染程度的重要指标，代表水体中所含有机物质的总和，直接反映了水体被有机物质污染的程度。目前，TOC 测量已经广泛地应用到江河、湖泊以及海洋监测等方面。对于地表水、饮用水、工业用水以及制药用水等方面的质量控制，TOC 同样是重要的测量参数。实际上 TOC 测量已经成为世界上水质量控制的主要检测手段。随着我国工农业经济的不断发展，水环境污染也日趋严重，江河、湖泊不断受到石油泄漏、陆源有害物质排放、倾废等行为的影响，特别是随着现代工业如有机化工、精细化工、高分子工业、电子工业、制药工业的迅速发展，水体中的有机污染物呈现出多样化、复杂化的特点。其中有些是持久性有机污染物（POPs），又称难降解有机污染物，它们是一类具有毒性、易于在生物体内富集、在环境中能够持久存在、对人体有着严重危害的有机物质，传统的测量分析方法已经不能或者很难准确测量其含量，但是 TOC 测量却是目前非常理想的测量手段，可以得到满意的结果。

由于 TOC 的测定通常采用燃烧法，因此能将有机物全部氧化，它比 BOD_5 或 COD 更能反映有机物的总量。因此，TOC 经常被用来评价水体中有机物污染的程度。

常规 TOC 的测量是根据水体中 C 循环，即 C 的各种存在形态而进行的，测量方法基本上是先将水中的有机物质氧化为 CO_2，然后检测 CO_2 的量来确定 TOC 的浓度。

国内外测定有机物质的氧化方法主要有以下几种：高温催化燃烧氧化，即高温氧化法；湿法氧化（过硫酸盐）；紫外氧化，即紫外氧化法；紫外（UV）-湿法（过硫酸盐）氧化，即紫外线加过硫酸盐氧化法。

对于 CO_2 的检测方法，目前大多采用非色散红外吸收法。美国材料与试验协会（ASTM）认证的 CO_2 检测方法目前只有两种：一是非色散红外探测（NDIR），另外一种是薄膜电导率探测。其中 NDIR 的应用最成熟、最方便，是检测技术的主流，我国目前推荐的就是非色散红外吸收法。

水中存在无机碳和有机碳两种形式的碳，无机碳的来源可能是水源中溶解的二氧化碳和碳酸氢盐等。测定总有机碳的方法通常有两种。一种方法是从测定的总碳（TC）减去所测得的无机碳（IC），得总有机碳含量（TOC）即 TOC=TC-IC。第二种则是在氧化过程之前先去除无机碳，去除无机碳的方法通常是调整水样 pH 值至 3.0 以下，使水中的无机碳转化为二氧化碳，通过气体挥发除去水中的二氧化碳，然后在吹洗去除无机碳的同时也有部分挥发性有机物被吹出，将该部分挥发性有机物再捕集，氧化成二氧化碳后测得挥发性有机碳（POC），将其他非挥发性有机物氧化成二氧化碳后测得非挥发性有机碳（NPOC），总有机碳为挥发性有机碳与非挥发性有机碳的和，即 TOC=POC+NPOC。在水中 POC 的含量极微可以忽略不计的条件下，其 NPOC 就近似等同于 TOC。

在测量 TOC 的过程中，按去除无机碳（IC）的先后分为前处理除去水样中 IC 的直接法和测量过程中去除 IC 的差减法，其中高温催化燃烧氧化可以同时使用上述两种方法，湿法氧化（过硫酸盐）是在前处理过程中进行处理，而后添加化学试剂进行氧化，再通过测定 CO_2 的量来确定 TOC 的浓度。

近年来，国内外已研制成各种类型的 TOC 分析仪。按照工作原理不同，可分为燃烧氧化-非分散红外吸收法、电导法、气相色谱法、湿法氧化-非分散红外吸收法等。其中燃烧氧化-非分散红外吸收法只需要一次转化，流程简单、重现性好、灵敏度高，因此这种 TOC 分析仪被国内外广泛采用。

TOC 分析仪使用过程中要按仪器厂家说明书规定，按时更换二氧化碳吸收剂、高温燃烧管中的催化剂和低温反应管中分解剂等耗材。

当测量结果小于 100mg/L 时，保留到小数点后一位；大于等于 100mg/L 时，保留三位有效数字。

一、实验目的

（1）掌握总有机碳（TOC）的测定原理和方法。

（2）了解 TOC 分析仪的工作原理和使用方法。

二、实验原理

总有机碳测定方法的原理是水中的有机质分子完全氧化为二氧化碳（CO_2），检测所产生的二氧化碳的量，然后计算出水中有机碳的浓度。

燃烧氧化-非分散红外吸收按测定方式不同，可分为差减法和直接法。

（1）差减法测定

将水样连同净化气体分别导入高温燃烧管和低温反应管中，经高温燃烧管的试样被高温催化氧化，其中的有机碳和无机碳均转化为二氧化碳，经低温反应管的水样被酸化后，其中的无机碳分解成二氧化碳，两种反应管中生成的二氧化碳分别被导入非分散红外检测器。在特定波长下，一定质量浓度范围内二氧化碳的红外线吸收强度与其质量浓度成正比，由此可对试样总碳（TC）和无机碳（IC）进行定量测定。总碳与无机碳的差值，即为总有机碳（TOC）。

（2）直接法测定

将水样经酸化曝气，其中的无机碳转化为二氧化碳被去除，再将试样注入高温燃烧管中，可直接测定总有机碳。由于酸化曝气会损失可吹扫有机碳（POC），故测得总有机碳值为不可吹扫有机碳（NPOC）。

当水中苯、甲苯、环己烷和三氯甲烷等挥发性有机物含量较高时，宜用差减法；当水中挥发性有机物含量较少而无机碳酸盐含量较高时，宜用直接法。

三、仪器与试剂

1. 仪器

（1）TOC 分析仪：燃烧氧化-非分散红外吸收法。

（2）微量注射器或自动进样装置。

（3）容量瓶：100mL。

（4）其他实验室常用仪器（如移液管）。

2. 试剂

（1）无二氧化碳水：将重蒸馏水在烧杯中煮沸蒸发（蒸发量 10%），冷却后备用。也可使用纯水机制备的纯水或超纯水。无二氧化碳水应临用现制，并经检验 TOC 质量浓度不超过 0.5mg/L。

（2）硫酸：$\rho(H_2SO_4) = 1.84g/mL$。

（3）邻苯二甲酸氢钾（$KHC_8H_4O_4$）：优级纯。

（4）无水碳酸钠（Na_2CO_3）：优级纯。

（5）碳酸氢钠（$NaHCO_3$）：优级纯。

（6）氢氧化钠溶液：$\rho(NaOH) = 10g/L$。

（7）有机碳标准贮备液：$\rho($有机碳，$C) = 1000mg/L$。准确称取邻苯二甲酸氢钾（预先在 110~120℃下干燥至恒重）0.2125g，置于烧杯中，加水溶解后，转移此溶液于 100mL 容量瓶中，用无二氧化碳水稀释至标线，混匀。在 4℃条件下可保存两个月。

（8）无机碳标准贮备液：$\rho($无机碳，$C) = 1000mg/L$。准确称取无水碳酸钠（预先在 105℃下干燥至恒重）0.414g 和碳酸氢钠（预先在干燥器内干燥）0.3500g，置于烧杯中，加水溶解后，转移此溶液于 100mL 容量瓶中，用无二氧化碳水稀释至标线，混匀。在 4℃条件下可保存两周。

(9) 载气：氧气，纯度大于 99.99%。

四、实验内容

1. 水样的采集和保存

水样应采集在棕色玻璃瓶中并应充满采样瓶，不留顶空。水样采集后应在 24h 内测定。否则应加入硫酸将水样酸化至 pH≤2，在 4℃ 条件下可保存 7 天。

2. 仪器的调试

按 TOC 分析仪说明书设定条件参数(如灵敏度、精密度、燃烧管温度、进样量及载气流量等)，进行仪器调试。

3. 标准使用液的配制

(1) 差减法标准使用液

ρ(总碳，C)= 200mg/L，ρ(无机碳，C)= 100mg/L。用单标线吸量管分别吸取 10.00mL 有机碳标准贮备液和 5.00mL 无机碳标准贮备液于 50mL 容量瓶中，用无二氧化碳水稀释至标线，混匀。在 4℃ 条件下可稳定保存一周。

(2) 直接法标准使用液

ρ(有机碳，C)= 100mg/L。用单标线吸量管吸取 5.00mL 有机碳标准贮备液于 50mL 容量瓶中，用无二氧化碳水稀释至标线，混匀。在 4℃ 条件下可稳定保存一周。

4. 标准曲线的绘制

(1) 差减法标准曲线

在一组 6 个 50mL 容量瓶中，分别加入 0.0、1.0、2.50、5.0、10.00、20.00mL 差减法标准使用液，用无二氧化碳水稀释至标线，混匀。配制成总碳质量浓度为 0.0、4.0、10.0、20.0、40.0、80.0mg/L 和无机碳质量浓度为 0.0、2.0、5.0、10.0、20.0、40.0mg/L 的标准系列溶液，测定前用氢氧化钠溶液中和至中性，取一定体积注入 TOC 分析仪测定，记录其响应值。以标准系列溶液质量浓度对应仪器响应值，分别绘制总碳和无机碳标准曲线。

(2) 直接法标准曲线

在一组 6 个 50mL 容量瓶中，分别加入 0.0、1.00、2.50、5.00、10.00、20.00mL 直接法标准使用液，用无二氧化碳水稀释至标线，混匀。配制成有机碳质量浓度为 0.0、2.0、5.0、10.0、20.0、40.0mg/L 的标准系列溶液，取一定体积酸化至 pH≤2 标准溶液，经曝气除去无机碳后导入高温氧化炉，记录其响应值。以标准系列溶液质量浓度对应仪器响应值，绘制有机碳标准曲线。

上述标准曲线浓度范围可根据仪器和测定样品种类的不同进行调整。

(3) 空白实验

用无二氧化碳水代替水样，按上述步骤测定其响应值即为空白值。每次测定前应先检测无二氧化碳水的 TOC 含量，测定值应不超过 0.5mg/L。

5. 水样测定

(1) 差减法

经酸化的试样，在测定前应以氢氧化钠溶液中和至中性，取一定体积注入 TOC 分析仪进行测定，记录相应的响应值。

(2) 直接法

取一定体积酸化至 pH≤2 的试样注入 TOC 分析仪，经曝气除去无机碳后导入高温氧化炉，记录相应的响应值。

五、数据处理

1. 差减法浓度的计算

根据所测试样响应值，由标准曲线计算出总碳和无机碳质量浓度。试样中总有机碳质量浓度为：

$$\rho(TOC) = \rho(TC) - \rho(IC)$$

式中　$\rho(TOC)$——试样总有机碳质量浓度，mg/L；

　　　$\rho(TC)$——试样总碳质量浓度，mg/L；

　　　$\rho(IC)$——试样无机碳质量浓度，mg/L。

2. 直接法浓度的计算

根据所测试样响应值，由标准曲线计算出总有机碳质量浓度 $\rho(TOC)$。

六、思考题

(1) TOC 和 COD 在应用上和测定方法上有何区别？二者在数值上有何关系？

(2) 用差减法测定 TOC 时会出现负值的原因是什么？

(3) 试述分析中湿法和燃烧法的区别。

第四章 气体监测分析实验

实验28 环境空气中二氧化硫的采集与测定

二氧化硫是主要的空气污染物之一，是很多例行监测的必测项目。二氧化硫主要来源于煤和石油等燃料的燃烧、含硫矿石的冶炼、硫酸等化工产品生产过程排放的废气。二氧化硫有刺激性，能通过呼吸道进入气管，对局部组织产生刺激和腐蚀作用，是诱发支气管炎等疾病的原因之一，特别是当它与烟尘等气溶胶共存时，可加重对呼吸道黏膜的损害。

空气中二氧化硫的测定方法有甲醛吸收-盐酸副玫瑰苯胺光度法和四氯汞钾吸收-盐酸副玫瑰苯胺光度法。经国内23个实验室验证，甲醛法和四氯汞钾法的精密度、准确度、选择性和检出限相近，但甲醛法避免了使用毒性较大的含汞吸收液，因此，目前多采用甲醛法。测定的浓度范围为 $0.003\sim1.07mg/m^3$。当用10mL吸收液采气样10L时，最低检出浓度为 $0.02mg/m^3$。

一、实验目的

(1) 掌握空气采样器和溶液吸收采样法的操作；
(2) 掌握用甲醛吸收-盐酸副玫瑰苯胺光度法测定二氧化硫的原理和方法。

二、实验原理

二氧化硫被甲醛缓冲溶液吸收后，生成稳定的羟甲基磺酸加成化合物，在样品溶液中加入氢氧化钠使加成化合物分解，释放出的二氧化硫与副玫瑰苯胺、甲醛作用，生成紫红色化合物，用分光光度计在波长577nm处测量吸光度。

三、仪器与试剂

1. 仪器

(1) 分光光度计。

(2) 多孔玻板吸收管：10mL多孔玻板吸收管，用于短时间采样；50mL多孔玻板吸收管，用于24h连续采样。

(3) 恒温水浴：0~40℃，控制精度为±1℃。

(4) 具塞比色管：10mL。用过的比色管和比色皿应及时用盐酸-乙醇清洗液浸洗，否则红色难于洗净。

(5) 空气采样器：用于短时间采样的普通空气采样器，流量范围 0.1~1L/min，应具有保温装置。用于24h连续采样的采样器应具备有恒温、恒流、计时、自动控制开关的功能，流量范围 0.1~0.5L/min。

(6) 一般实验室常用仪器。

2. 试剂

除非另有说明，分析时均使用符合国家标准的分析纯试剂，实验用水为新制备的蒸馏水或同等纯度的水。

(1) 氢氧化钠。

(2) 环己二胺四乙酸二钠：反式 1, 2 - 环己二胺四乙酸[(trans - 1, 2 - cyclohexylenedinitrilo) tetraacetic acid，简称 CDTA-2Na]。

(3) 甲醛：36%~38%的甲醛溶液。

(4) 邻苯二甲酸氢钾。

(5) 氨磺酸[H_2NSO_3H]。

(6) 硫代硫酸钠标准贮备液，$c(Na_2S_2O_3) = 0.10mol/L$：称取 6.25g 硫代硫酸钠($Na_2S_2O_3 \cdot 5H_2O$)，溶于 250mL 新煮沸但已冷却的水中，加入 0.2g 无水碳酸钠，贮于棕色细口瓶中，放置一周后备用。如溶液呈现混浊，必须过滤。标定方法见实验 5。

(7) 硫代硫酸钠标准溶液，$c(Na_2S_2O_3) = 0.01mol/L \pm 0.00001mol/L$：取 25.0mL 硫代硫酸钠贮备液置于 250mL 容量瓶中，用新煮沸但已冷却的水稀释至标线，摇匀。

(8) 盐酸副玫瑰苯胺(pararosaniline，简称 PRA，即副品红或对品红)。

(9) 碘。

(10) 碘化钾。

(11) 乙二胺四乙酸二钠盐(EDTA-2Na)。

(12) 冰乙酸。

(13) 淀粉溶液，$\rho = 5.0g/L$：称取 0.5g 可溶性淀粉于 500mL 烧杯中，用少量水调成糊状，慢慢倒入 100mL 沸水，继续煮沸至溶液澄清，冷却后贮于试剂瓶中。

(14) 盐酸副玫瑰苯胺：其纯度应达到副玫瑰苯胺提纯及检验方法的质量要求。

(15) 盐酸-乙醇清洗液：由三份(1+4)盐酸和一份95%乙醇混合配制而成，用于清洗比色管和比色皿。

四、实验内容

1. 环己二胺四乙酸二钠溶液的配置

(1) 配制 $c(NaOH) = 1.5mol/L$ 氢氧化钠溶液：称取 6.0g NaOH 固体，溶于 100mL 水中。

(2) 配制 $c(CDTA-2Na) = 0.05mol/L$ 环己二胺四乙酸二钠溶液：称取 CDTA-2Na 试剂 1.82g，加入氢氧化钠溶液 6.5mL，用水稀释至 100mL。

2. 甲醛缓冲吸收贮备液和吸收液的配置

(1) 甲醛缓冲吸收贮备液：吸取 36%~38% 的甲醛溶液 11.0mL，CDTA-2Na 溶液 20.00mL；称取 2.04g 邻苯二甲酸氢钾，溶于少量水中；将三种溶液合并，再用水稀释至 100mL，贮于冰箱可保存 1 年。

(2) 甲醛缓冲吸收液：用水将甲醛缓冲吸收贮备液稀释 100 倍。临用时现配。

3. 0.6%氨磺酸钠溶液的配制

称取 0.60g 氨磺酸(H_2NSO_3H)置于 100mL 烧杯中，加入 4.0mL 氢氧化钠溶液，用水搅拌至完全溶解后稀释至 100mL，摇匀。此溶液密封可保存 10d。

4. 盐酸副玫瑰苯胺溶液的配制

（1）盐酸副玫瑰苯胺贮备液，$\rho = 0.2g/100mL$：称取盐酸副玫瑰苯胺 0.2g 于 100mL 水中。

（2）副玫瑰苯胺溶液，$\rho = 0.050g/100mL$：吸取 25.00mL 副玫瑰苯胺贮备液于 100mL 容量瓶中，加 30mL85%的浓磷酸、12mL 浓盐酸，用水稀释至标线，摇匀，放置过夜后使用。避光密封保存。

5. 碘溶液的配制

（1）碘贮备液，$c(1/2I_2) = 0.10mol/L$：称取 1.27g 碘于烧杯中，加入 4.0g 碘化钾和 20mL 水，搅拌至完全溶解，用水稀释至 100mL，贮存于棕色细口瓶中。

（2）碘溶液，$c(1/2I_2) = 0.010mol/L$：量取碘贮备液 25mL，用水稀释至 250mL，贮于棕色细口瓶中。

6. 亚硫酸钠溶液的配制

（1）乙二胺四乙酸二钠盐（EDTA-2Na）溶液，$\rho = 0.50g/L$：称取 0.25g 乙二胺四乙酸二钠盐 EDTA$[-CH_2N(COONa)CH_2COOH]_2 \cdot 2H_2O$ 溶于 500mL 新煮沸但已冷却的水中。临用时现配。

（2）二氧化硫标准贮备溶液：称取 0.1g 亚硫酸钠（Na_2SO_3），溶于 100mL EDTA-2Na 溶液中，缓缓摇匀以防充氧，使其溶解。放置 2~3h 后标定。此溶液每毫升相当于 320~400μg 二氧化硫。

（3）二氧化硫标准溶液，$\rho(Na_2SO_3) = 1.00μg/mL$：根据 28.4.7 的标定结果，用甲醛吸收液将二氧化硫标准贮备溶液稀释成每毫升含 1.0μg 二氧化硫的标准溶液。此溶液用于绘制标准曲线，在 4~5℃下冷藏，可稳定 1 个月。

7. 亚硫酸钠溶液的标定

（1）取 6 个 250mL 碘量瓶（A1、A2、A3、B1、B2、B3）。在 A1、A2、A3 内各加入 25mL 乙二胺四乙酸二钠盐溶液，在 B1、B2、B3 内加入 25.00mL 亚硫酸钠溶液，分别加入 50.0mL 碘溶液和 1.00mL 冰乙酸，盖好瓶盖。

（2）立即吸取 2.00mL 亚硫酸钠溶液加到一个已装有 40~50mL 甲醛吸收液的 100mL 容量瓶中，并用甲醛吸收液稀释至标线、摇匀。此溶液即为二氧化硫标准贮备溶液，在 4℃~5℃下冷藏，可稳定 6 个月。

（3）A1、A2、A3、B1、B2、B3 六个瓶子于暗处放置 5min 后，用硫代硫酸钠溶液滴定至浅黄色，加 5mL 淀粉指示剂，继续滴定至蓝色刚刚消失。平行滴定所用硫代硫酸钠溶液的体积之差应不大于 0.05mL。

8. 采样

将 10mL 甲醛缓冲吸收液注入多空波板吸收管中。以 0.5L/min 流量采样 1L，采样时应避免阳光直接照射样品溶液。同时记录采样点的大气温度和大气压力。

9. 标准系列的配制与测定

取 14 支 10mL 比色管分 A、B 两组实验，每组 7 支。

（1）A组按表 28-1 配制标准系列。

表 28-1　二氧化硫标准系列

管　　号	0	1	2	3	4	5	6
二氧化硫标准使用液/mL	0	0.50	1.00	2.00	5.00	8.00	10.00
甲醛缓冲吸收液/mL	10.00	9.50	9.00	8.00	5.00	2.00	0
二氧化硫含量/μg	0	0.50	1.00	2.00	5.00	8.00	10.00

在 A 组各管中分别加入 0.6% 氨磺酸钠溶液 0.5mL 和 1.5mol/L 氢氧化钠溶液 0.5mL，混匀。

在 B 组各管中分别加入 1.00mL PRA 溶液。

（2）将 A 组各管的溶液迅速地全部倒入对应编号并盛有 PRA 溶液的 B 管中，立即加塞混匀后放入恒温水浴装置中显色。

显色温度与室温之差不应超过 3℃。根据季节和环境条件按表 28-2 选择合适的显色温度与显色时间。

表 28-2　显色温度与显色时间

显色温度/℃	10	15	20	25	30
显色时间/min	40	25	20	15	5
试剂空白吸光度	0.03	0.035	0.04	0.05	0.06

（3）在波长 577nm 处，用 10mm 比色皿，以水为参比测量吸光度。以空白校正后各管的吸光度为纵坐标，以二氧化硫的质量浓度（μg/10mL）为横坐标，用最小二乘法建立校准曲线的回归方程。吸光度必须在 5min 内完成，否则对结果影响较大。

10. 样品测定

（1）采样后的样品溶液中如有浑浊物，应离心分离除去；

（2）采样后的样品应放置 20min，以使臭氧分解；

（3）将样品全部移入 10mL 比色管中，用甲醛缓冲吸收液稀释至 10mL；

（4）在样品测定的同时，用 10mL 甲醛缓冲吸收液进行空白试剂实验；

（5）在空白和样品两支比色管中各加入 0.60% 氨磺酸钠溶液 0.50mL，混合均匀，放置 10min 以除去氮氧化物的干扰；

（6）在空白和样品两支比色管中各加入 1.5mol/L 氢氧化钠 0.50mL，混合均匀，各加入 0.05% 盐酸副玫瑰苯胺使用液 1.00mL，混可均匀，恒温水浴显色；

（7）于波长 577nm 处，用 10mm 比色皿，以蒸馏水作参比，同时测定空白和样品的吸光度。吸光度测定操作必须在 5min 内完成，否则对结果影响比较大。

五、数据处理

1. 二氧化硫标准贮备溶液的计算

$$c_{SO_2}(\mu g/mL) = \frac{(V_0 - V)\, c_2 \times 32.02 \times 1000}{25.00} \times \frac{2.00}{100}$$

式中　c_{SO_2}——二氧化硫标准贮备溶液的质量浓度，μg/mL；

　　　V_0——空白滴定所用硫代硫酸钠溶液的体积，mL；

　　　V——样品滴定所用硫代硫酸钠溶液的体积，mL；

116

c_2——硫代硫酸钠溶液的浓度，mol/L。

2. 标准曲线的绘制

二氧化硫吸光度测定结果及校正值填入表28-3。以二氧化硫的含量(μg)为横坐标，以校正吸光度 $A-A_0$ 为纵坐标，在直角坐标系中，用最小二乘法建立校准曲线的回归方程 $A-A_0 = bx+a$。

表28-3　二氧化硫标准系列测定结果

管　号	0	1	2	3	4	5	6
二氧化硫含量/μg	0	0.50	1.00	2.00	5.00	8.00	10.00
吸光度 A							
校正吸光度 $A-A_0$							

3. 实验记录

采样与样品测定相关数据记录于表28-4和表28-5中。

表28-4　样品采集情况

平均大气压/kPa		采样体积/L	
平均环境温度/℃		平均流量/(mL/min)	
采样时间/min			

表28-5　样品测定记录

1	空白试样吸光度 A_0	
2	待测样品吸光度 $A_样$	
3	待测样品的校正吸光度 $A'_样$	
4	待测样品中二氧化硫的含量 m/μg	

4. 采样体积的换算

将采样气体的体积按下式换算成标准状态下的空气体积：

$$V_0 = V_t \cdot \frac{T_0}{273+t} \cdot \frac{p}{p_0}$$

式中　V_0——标准状态下的采样气体体积，L；

V_t——采样体积，L；V_t =采样流量(L/min)乘以采样时间(min)；

p——采样点的大气压力，kPa；

t——采样点的气温，℃；

p_0——标准状态下的大气压力(101.3kPa)；

T_0——标准状态下的绝对温度273K。

5. 二氧化硫浓度的计算

二氧化硫的质量浓度，按下试计算：

$$m = \frac{A - A_0 - a}{b \times V_0} \times \frac{V}{V_t}$$

式中　m——空气中二氧化硫的质量浓度，mg/m³；

A——样品溶液的吸光度；

A_0——试剂空白溶液的吸光度;

b——校准曲线的斜率,吸光度 10mL/μg;

a——校准曲线的截距(一般要求小于 0.005);

V——样品溶液的总体积,mL;

V_t——测定时所取试样的体积,mL;

V_0——换算成标准状态下(101.325kPa,273K)的采样体积。

六、思考题

(1)测定大气中二氧化硫的方法有几种?比较几种方法的特点。

(2)如果二氧化硫标准溶液的浓度偏高,对实验结果产生何种误差?

实验 29 环境空气中氮氧化物的采集与测定

氮氧化物(NO_x)主要是一氧化氮(NO)和二氧化氮(NO_2),它们在大气中的含量和存在的时间达到对人、动物、植物以及其他物质产生有害影响的程度,就形成污染。大气中还有其他形态的氮氧化物,如氧化亚氮(N_2O)和三氧化二氮(N_2O_3)等。

NO 在大气中能与臭氧很快地反应形成 NO_2。NO 直接与氧作用生成 NO_2 的速率主要取决于 NO 的浓度和环境温度。在 20℃ 以下、NO 浓度为 $10mg/m^3$ 的条件下,10% 的 NO 氧化为 NO_2 需 1.5h,50% 的 NO 氧化为 NO_2 需要 10.75h。在 NO 浓度为 $2mg/m^3$ 的条件下,10% 的 NO 氧化为 NO_2 需 8h 以上。可见空气中 NO 含量很低时,它能在空气中存留较长时间。NO 也可与 NO_2 反应生成三氧化二氮(N_2O_3),但形成的量很少,对大气质量没有多大影响。NO_2 是低层大气中最重要的光吸收分子,可以吸收太阳辐射的可见光和紫外光。

大气中绝大部分的 NO_x 最终转化为硝酸盐微粒,并通过湿沉降或干沉降等过程而从大气中消失。

NO_x 通过呼吸进入人体肺的深部,可引起支气管炎或肺气肿。NO_x 还能和大气中其他污染物发生光化学反应形成光化学烟雾污染。N_2O 在大气中经氧化转变成硝酸,是造成酸雨的原因之一。N_2O 还可使平流层中臭氧减少,从而使到达地球的紫外线辐射量增加。

NO_x 污染与采用矿物燃料作能源有关。汽车用量日增,并高度集中于大城市,致使 NO_x 成为世界各大城市主要的大气污染物之一。

一、实验目的

(1)掌握盐酸萘乙二胺分光光度法测定大气中 NO_x 的原理。

(2)掌握大气 NO_x 采样器的使用方法及注意事项。

二、实验原理

用冰醋酸、对氨基苯磺酸和盐酸萘乙二胺配制成吸收-显色液,吸收氮氧化物,在三氧化铬作用下,一氧化氮被氧化成二氧化氮,二氧化氮与吸收液作用生成亚硝酸,在冰醋酸存在下,亚硝酸与对氨基苯磺酸重氮化后再与盐酸萘乙二胺偶合,显玫瑰红色,于波长 540nm 处,测定吸光度,同时以试剂空白作参比,得到大气中 NO_x 的浓度。

三、仪器与试剂

1. 仪器

（1）大气采样器：流量范围为 0.1~1L/min，流量稳定可调，恒流误差小于 2%，采样前和采样后应用皂膜流量计校准采样系列流量，误差小于 5%；

（2）多孔玻板吸收管；

（3）三氧化铬-石英砂氧化管；

（4）分光光度计。

2. 试剂

所有试剂均用不含亚硝酸根的重蒸馏水配制。其检验方法是：所配制的吸收液对 540nm 光的吸光度不超过 0.005。

（1）吸收液：称取 5.0g 对氨基苯磺酸，置于 1000mL 容量瓶中，加入 50mL 冰乙酸和 900mL 水的混合溶液，盖塞振摇使其完全溶解，继之加入 0.050g 盐酸萘乙二胺。溶解后，用水稀释至标线，此为吸收原液，贮于棕色瓶中，在冰箱内可保存两个月。保存时应密封瓶口，防止空气与吸收液接触。采样时，按 4 份吸收原液与 1 份水的比例混合配成采样用吸收液。

（2）三氧化铬-砂子氧化管：筛取 20~40 目海砂或河砂，用(1+2)的盐酸溶液浸泡一夜，用水洗至中性，烘干。将三氧化铬与砂子按重量比(1+20)混合，加少量水调匀，放在红外灯下或烘箱内于 105℃，烘干过程中应搅拌几次。制备好的三氧化铬-砂子应是松散的，若粘在一起，说明三氧化铬比例太大，可适当增加一些砂子，重新制备。称取约 8g 三氧化铬-砂子装入双球玻璃管内，两端用少量脱脂棉塞好，用乳胶管或塑料管制的小帽将氧化管两端密封，备用。采样时将氧化管与吸收管用一小段乳胶管相接。

（3）亚硝酸钠标准贮备液：称取 0.1500g 粒状亚硝酸钠（$NaNO_2$，预先在干燥器内放置 24h 以上），溶解于水，移入 1000mL 容量瓶中，用水稀释至标线。此溶液每毫升含 100.00μgNO_2^-，贮于棕色瓶内，冰箱中保存，可稳定三个月。

（4）亚硝酸钠标准溶液：吸取贮备液 5.00mL 于 100mL 容量瓶中，用水稀释至标线。此溶液每毫升含 5.0μgNO_2^-。

四、实验内容

1. 标准系列的配制与测定

取 6 支 10mL 具塞比色管，按表 29-1 配制 NO_2^- 标准溶液色列。

表 29-1　标准系列的配制

管　　号	0	1	2	3	4	5
亚硝酸钠标准溶液/mL	0.00	0.10	0.20	0.30	0.40	0.50
稀释原液/mL	4.00	4.00	4.00	4.00	4.00	4.00
NO_2^-含量/μg	0.00	0.5	1.0	1.5	2.0	2.5
吸光度 A						
$A - A_0$						

将以上各具塞比色管内溶液稀释至 5.0mL，摇匀，避开阳光直射放置 15min，在 540nm

波长处，用1cm比色皿，以水为参比，测定吸光度。以 $A-A_0$ 为纵坐标，相应的标准溶液中 NO_2^- 含量（μg）为横坐标，绘制标准曲线，并用最小二乘法计算标准曲线的回归方程。

2. 样品采集与测定

（1）采样

吸取 5.0mL 吸收液于多孔玻板吸收管中，用尽量短的硅橡胶管将其串联在三氧化铬-石英砂氧化管和空气采样器之间，以 0.4 mL/min 流量采气 4~24L。在采样的同时，应记录现场温度和大气压力。

（2）样品测定

采样后放置 20min（室温 20℃以下放置 40min 以上）后，用水将吸收管中吸收液的体积补充至标线，混匀，按照绘制标准曲线的方法和条件，测量试剂空白溶液和样品溶液的吸光度。

采样与样品测定相关数据记录在表 29-2。

表 29-2　样品采集情况与实验结果记录

平均大气压/kPa	
平均环境温度/℃	
采样时间/min	
采样体积/L	
平均流量/（mL/min）	
空白试样吸光度 A_0	
待测样品吸光度 A 样	
待测样品的校正吸光度 $A-A_0$	

五、数据处理

1. 标准曲线

用坐标纸绘出标准曲线并计算标准曲线回归方程 $y = bx + a$ 与相关系数 r。

式中　y——标准溶液吸光度 A 与试剂空白溶液的吸光度 A_0 之差；

　　　x——NO_2^- 含量，μg；

　　　b——回归方程的斜率；

　　　a——回归方程的截距。

2. 氮氧化物浓度计算

$$氮氧化物(NO_2，mg/m^3) = \frac{(A - A_0) - a}{K \cdot V_N \cdot b}$$

式中　A——样品溶液的吸光度；

　　　A_0——试剂空白溶液的吸光度；

　　　b——标准曲线斜率；

　　　V_N——标准状况下的采样体积，L；

　　　K——Saltzman 实验系数，0.88（空气中 NO_x 浓度超过 0.720mg/m³ 时取 0.77）。

120

六、思考题

(1) 氮氧化物对环境有什么影响？

(2) 简述几条大气采样时对环境的要求？

(3) 在氮氧化物采样时，吸收瓶前面接三氧化铬管的目的是什么？

(4) 测定氮氧化物的吸收液应如何配制？

实验 30　环境空气中颗粒物(TSP 或 PM10)的测定

　　总悬浮颗粒物(TSP)对人体的危害程度主要决定于自身的粒度大小及化学组成。TSP 中粒径大于 $10\mu m$ 的物质，几乎都可被鼻腔和咽喉所捕集，不进入肺泡。对人体危害最大的是 $10\mu m$ 以下的浮游状颗粒物，称为飘尘(后改称为可吸入颗粒物，大于 $2.5\mu m$，小于 $10\mu m$)。飘尘可经过呼吸道沉积于肺泡。慢性呼吸道炎症、肺气肿、肺癌的发病与空气颗粒物的污染程度明显相关，当长年接触颗粒物浓度高于 $0.2mg/m^3$ 的空气时，其呼吸系统病症增加。

　　空气中的大颗粒粉尘被人的鼻腔阻拦，小颗粒粉尘可能随气流进入气管和肺部，这些粉尘被气管和肺部的"巨噬细胞"吞食并消化，巨噬细胞吃不净的那些细菌和病毒还会被白血球消灭掉。人的鼻子的鼻毛、分泌物和黏膜可以将大多数大于 $10\mu m$ 的粉尘过滤掉，只有小于 $10\mu m$ 的颗粒物才会随气流进入气管和肺部。因此，人们将"可吸入颗粒物"定义为"空气中≤$10\mu m$ 的颗粒物"。

　　滞留在上呼吸道中的颗粒物能对黏膜组织产生刺激和腐蚀作用，引起炎症，进而导致慢性鼻咽炎、慢性气管炎。滞留在细支气管和肺泡中的可吸入尘能与直接进入肺深部的二氧化氮产生联合作用，损伤肺泡和黏膜，引起支气管和肺部产生炎症。长期持续作用，还会诱发慢性阻塞性肺部疾患，并出现继发性感染，最后，导致肺心病的死亡率增高。此外，颗粒物的吸附能力使之成为大气污染物的"载体"。可吸入尘能吸附有害气体和液体，并将它们带入肺脏深部，从而，促进疾病的发生。

　　目前测定空气中 TSP 含量广泛采用重量法。该方法分为大流量采样器法和中流量采样器法。本实验采用中流量采样器法。

一、实验目的

(1) 明确环境空气中总悬浮颗粒物的测定对环境空气质量的意义；

(2) 掌握总悬浮颗粒物的测定方法。

二、实验原理

　　TSP 测定原理：通过具有一定切割特性的采样器以恒速抽取定量体积的空气，使之通过已恒重的滤膜，空气中粒径小于 $100\mu m$ 的悬浮微粒被截留在滤膜上。根据采样前后滤膜质量之差及采样体积，即可计算总悬浮颗粒物的浓度。

　　PM10 测定原理：使一定体积的空气，通过带有 PM10 切割器的采样器，粒径小于 $10\mu m$ 的可吸入颗粒物随气流经分离器的出口被截留在已恒重的滤膜上，根据采样前后滤膜的质量差及采样体积，即可计算出可吸入颗粒物浓度。

三、仪器与试剂

（1）中流量 TSP 采样器（100L/min）。带 TSP 或 PM10 切割器。

（2）X 光看片器，用于检查滤料有无缺损或异物。

（3）打号机，用于在滤料上打印编号。

（4）干燥器容器，能平展放置 200mm×250mm 滤料的玻璃干燥器，底层放变色硅胶，滤料在采样前和采样后均放在其中，平衡后再称量。

（5）竹制或骨制品的镊子，用于夹取滤料。

（6）滤料，本法所用滤料有两种，规格均为 200mm×250mm。其一为"49"型超细玻璃纤维滤纸（简称滤纸），对直径 0.3μm 的悬浮粒子的阻留率大于 99.99%；其二为孔径 0.4～0.65μm 和 0.8μm 有机微孔滤膜（简称滤膜）。

（7）烘箱。

（8）分析天平。

（9）流量校准装置。

四、实验内容

1. 滤膜准备

（1）采样用的每张滤纸或滤膜均须用 X 光看片器对着光仔细检查。不可使用有针孔或有任何缺陷的滤料采样。然后，将滤料打印编号，号码打印在滤料两个对角上。

（2）清洁的玻璃纤维滤纸或滤膜在称重前应放在天平室的干燥器中平衡 24h。滤纸或滤膜平衡和称量时，天平室温度在 20～25℃之间，温差变化小于±3℃；相对湿度小于 50%，相对湿度的变化小于 5%。

（3）称量前，要用 2～5g 标准砝码检验分析天平的准确度，砝码的标准值与称量值的差不应大于±0.5mg。

（4）在规定的平衡条件下称量滤纸或滤膜，准确到 0.1mg。称量要快，每张滤料从平衡的干燥器中取出，30s 内称完，记下滤料的质量 W_0 和编号，将称过的滤料每张平展地放在洁净的托板上，置于样品滤料保存盒内备用。在采样前不能弯曲和对折滤纸和滤膜。

2. 采样

（1）打开采样器外壳的顶盖，取出滤料夹。将滤料平放在支持网上，若用玻璃纤维滤纸，应将滤纸的"绒毛"面向上。并放正，使滤料夹放上后，密封垫正好压在滤料四周的边沿上，起密封作用。

（2）将采样器固定好，将切割器与采样器连接好，开启电源开关，按要求调节好流量，并记录流量、气温和大气压。采样过程中，要随时注意参数的变化，并随时记录。

（3）采样后，取下滤料夹，用镊子轻轻夹住滤料的边，但不能夹角，将滤料取下。以长边中线对折滤料，使采样面向内。如果采集的样品在滤料上的位置不居中，即滤料四周的白边不一致时，只能以采到样品的痕迹为准。若样品折得不合适，沉积物的痕迹可能扩展到另一侧的白边上，这样，若要将样品分成几等份分析时，会使测定值减少。

（4）将采过样的滤料放在与他编号相同的滤料盒内，并应注意检查滤料在采样过程中有无漏气迹象，漏气常因面板密封垫用旧或安装不当所致；另外还应检查橡胶密封垫表面，是否因滤料夹面板四个元宝螺丝拧得过紧，使滤料上纤维物黏附在表面上，以及滤料是否出现物理性损坏。检查时若发现样品有漏气现象或物理性损坏，则将此样品报废。

（5）采样完毕，填好记录表，并与相应的采过样的滤料一起放入滤料盒内，送交实验室。

3. 称量

采样后的滤料放在天平室内的干燥器中，按采样前空白滤料控制的条件平衡24h，对于很潮湿的滤料应延长平衡时间至48h，称量要快，30s内称完。将称量结果滤膜质量 W_1 记在 TSP 或 PM10 浓度分析记录在表 30-1 中。

表 30-1　总悬浮颗粒物浓度测定记录表

月	日	滤膜编号	采样时间/min	流量 Q_N/(m^3/min)	采样体积 V_0	滤膜质量/g			总悬浮颗粒物浓度/(mg/m^3)
						采样前 W_0	采样后 W_1	样品重	

五、数据处理

$$TSP/PM10(mg/m^3) = \frac{W_1 - W_0}{V_0} \times 1000$$

式中　W_1——采样后的滤膜质量，g；

　　　W_0——空白滤膜质量，g；

　　　V_0——标准状态下的采样体积，L。

六、思考题

（1）滤膜前期准备时有哪些注意事项？

（2）采样时有哪些注意事项？

实验 31　环境空气和废气中丙酮的测定

丙酮（acetone，CH_3COCH_3），又名二甲基酮，为最简单的饱和酮。是一种无色透明液体，有特殊的辛辣气味。易溶于水和甲醇、乙醇、乙醚、氯仿、吡啶等有机溶剂。易燃、易挥发，化学性质较活泼。丙酮作为一种重要的有机溶剂，广泛用于制药、化学纤维纺丝及有机合成工业，在使用过程中常造成局部环境污染现象。环境监测中测定丙酮的方法有比色法和色谱法。常用的比色法为糠醛比色法或盐酸羟胺比色法，糠醛比色法受采样现场的有机物影响比较大，盐酸羟胺比色法易受空气中存在的酸碱干扰，采用毛细管柱气相色谱法，具有方法灵敏快速，线性范围宽，检出限低，精密度好，定性定量准确等优点。本实验采用毛细管柱气相色谱法测定环境空气或工业废气中的丙酮，根据现场状况、采样条件和丙酮浓度可以选择下文中讲到的方法一或者方法二进行测定。

其中方法二是采用静态配气法配制标准气体，直接进样进行测定。静态配气法是取 20L 玻璃瓶或聚乙烯塑料瓶，洗净烘干，精确标定体积。然后将瓶内抽成负压，用净化的空气冲洗几次，排除瓶中原有的全部空气。再抽成负压（如瓶中剩余压力约 50kPa），然后用注射器注入一定量的丙酮，在负压下丙酮气化，最后充进净化空气至大气压力。摇动瓶中翼形搅拌片，使瓶中气体混合均匀，即可使用。根据瓶子的容积和加入丙酮的量计算出瓶中丙酮气体的浓度。

也可使用注射器配气。对于配制少量的混合气，可用 100mL 注射器多次稀释制得。气体浓度根据原料气的浓度和稀释倍数来计算。所用注射器要检查是否严密，要不漏气，刻度需校准。如配一氧化碳气，用注射器取纯的或已知浓度的一氧化碳气体 10mL，用净化空气稀释至 100mL，摇动剩余 10mL 混合气，再用净化空气稀释至 100mL，如此连续稀释 6 次，最后混合气体一氧化碳浓度为 1mg/mL。用注射器配气，两个注射器通过注射针相互连通，来回推动，使气体混合均匀。注射器配气对于多种有机化合物都不理想，回收率都比较低。这种现象除与注射器内壁吸附和在磨口处扩散损失有关以外，还与上面所说的液体蒸发为气体分子的完全程度有关。所以，对于某些液体用注射器在室温下自然挥发配气的方法，需要通过验证，决定能否采用。

还有一种方法是塑料袋配气。向塑料袋内注入一定量的原料气，并充进一定体积的干净空气。然后挤压塑料袋，使其混合均匀，根据加入的原料气的量和塑料袋充气的体积，计算气体的浓度。使用塑料袋配气时，要注意气体组分是否会被吸附、与塑料袋起反应以及渗透出来等问题。聚乙烯膜铝箔夹层袋可用于配气。

方法一：活性炭吸附法

一、实验目的

(1) 掌握使用采样管采集环境空气和废气中有机物的方法；
(2) 掌握用气相色谱仪测定环境空气和废气中丙酮的原理及方法。
(3) 掌握气相色谱仪的基本结构和操作方法。

二、实验原理

采用以活性炭为填料的吸附管采集环境空气或工业废气中的丙酮，利用 CS_2 进行解吸，解析后的溶液使用毛细管柱气相色谱法进行分析测定。

三、仪器与试剂

1. 仪器
(1) 气相色谱仪，配有 FID 检测器；
(2) 大气采样器：流量范围为 0.1~1L/min；
(3) 溶剂解吸型活性炭采样管：6mm×80mm；
(4) 振荡器；
(5) 微量注射器：10μL。
2. 试剂
(1) 丙酮纯物质(国家标准物质中心)；
(2) CS_2：色谱纯；
(3) 氮气：纯度 99.999%，氧的含量小于 $5×10^{-6}$，用装 5A 分子筛净化管净化。

四、实验内容

1. 样品的保存与前处理

用大气采样器(流量范围为 0.1~1L/min)连接活性炭管,环境空气采样时间为 50min,流量为 0.5L/min,废气采样时间为 30min,流量 0.2L/min,样品采集完成后密封保存。

将采样管中的活性炭转移至 2mL 玻璃瓶中,准确加入 1mL 的色谱纯的 CS_2,振荡 30min,静置,待测。

2. 实验条件的设置

(1) 色谱柱:毛细管柱(HP-INNOWAX,30m×0.53mm×1.0μm);

(2) 色谱条件:初温 40℃(5min),先以 10℃/min 升至 90℃,然后以 50℃/min 升至 190℃;

(3) 进样口温度:230℃;

(4) 检测器:250℃;

(5) 柱流量:1.0mL/min;

(6) 氢气:40mL/min;

(7) 空气:400mL/min;

(8) 分流比 5:1;

(9) 进样体积:1μL。

3. 标准系列的配制与测定

用微量注射器(10μL)吸取丙酮纯物质 1μL,(20℃时 1μL 的丙酮质量为 0.788 mg),再用色谱纯的 CS_2 定容至 1mL,配成浓度为 788mg/L 的标准贮备液。

取 8 支活性炭填料吸附管,依次在吸附管的一端加入标准储备液 0.0、5.0、10.0、20.0、50.0、100.0μL,将高纯 N_2 连接到活性炭管的同一端,以 0.5L/min 的流量向管中吹气 50min,将丙酮吸附到活性炭上。完成后将活性炭取出,转移到 2mL 小瓶中,加入 1mL CS_2,振荡 30min,静置,待测。

取混合样品在本实验选定的毛细管色谱柱以及上述实验条件下,色谱分析,用单个标准样品定性。得出标准色谱图。

4. 样品测定

取标准曲线溶液各 1.0μL 在给定的色谱条件下,待仪器稳定后,从低浓度至高浓度依次进样分析,以丙酮的峰面积为纵坐标,浓度为横坐标,绘制标准曲线。

取制备好的样品注入气相色谱仪进行分析,根据标准曲线计算样品的浓度。

五、数据处理

1. 标准曲线的绘制

标准溶液测定结果填入表 31-1。以标样浓度为横坐标、峰面积为纵坐标,通过线性回归或绘图得标准曲线。标准溶液的测定结果填入表 31-1。

表 31-1　标准溶液的测定结果

标样浓度/(mg/L)	0.0	3.9	7.9	15.8	39.4	78.8
峰面积						

2. 气体样品测定

用保留时间定性、峰面积定量，并记录相关采样参数于表 31-2。

表 31-2　样品采集情况

平均大气压/kPa	
平均环境温度/℃	
采样时间/min	
采样体积/L(标况下)	
平均流量/(mL/min)	

3. 采样结果计算

丙酮含量根据下式计算：

$$\text{丙酮}(\text{mg}/\text{m}^3) = \frac{\rho_{\text{丙酮}} \times 1.0}{V_{\text{nd}}}$$

式中　$\rho_{\text{丙酮}}$——测定时 1.0mL 样品溶液中丙酮浓度，mg/L；

　　　V_{nd}——标准状态下气体的采样体积，mL。

方法二：直接进样法

一、实验目的

(1) 掌握静态配气法配制标准气的方法；

(2) 掌握用气相色谱仪测定废气中丙酮的原理及方法；

(3) 掌握气相色谱仪的基本结构和操作方法。

二、实验原理

本实验用静态法配制标准气，根据标准物质的保留时间，与未知样品的保留时间是否一致来进行定性分析。

试样中各组分经色谱柱分离后进入检测器被检测，在一定操作条件下，被测组分 i 的质量(m_i)或其在载气中的浓度与检测器响应信号(色谱图上表现为峰面积 A_i 或峰高 h_i)成正比，可写作：

$$m_i = f'_i A$$

这就是色谱定量分析的依据，式中 f'_i 为比例常数，称为被测组分 i 的绝对质量校正因子。由于同一种检测器对不同物质具有不同的响应值，这样就不能用峰面积来直接计算物质的含量。为了使检测器产生的响应信号能真实地反映出物质的含量，需要对响应值进行校正，这就是定量校正因子的意义。根据上式得：

$$f_i = \frac{m_i}{A_i}$$

f_i 就是单位峰面积所代表的物质质量，它主要由仪器的灵敏度所决定。由测定某一组分标准物质可以计算出该组分 f_i 值，由该组分的 f_i 值可知样品中该组分含量。

三、仪器与试剂

1. 仪器

（1）气相色谱仪，配有 FID 检测器；

（2）氮气钢瓶；

（3）空气钢瓶或空气发生器；

（4）氢气钢瓶或氢气发生器；

（5）微量进样器 50μL。

2. 试剂

丙酮以及色谱纯挥发性有机物。

四、实验内容

1. 实验条件的设置

（1）色谱柱 DB-5，30m×0.25mm×0.25μm；

（2）色谱条件：设置柱温、进样口、检测器温度等参数，参见方法一；

（3）氮气 1.0mL/min；空气 400mL/min；氢气 47mL/min；补偿气 30mL/min；

（4）进样量 10~50μL。

2. 空气样品的测定

用采气袋采样，取空气样品在本实验选定的毛细管色谱柱以及上述实验条件下，色谱分析，得样品色谱图。记录保留时间和峰面积。

3. 标样的测定

在相同色谱条件下，取标准气体样品，色谱进样，得出标准色谱图。确定保留时间、峰面积，对未知样品定性、定量。

五、数据处理

记录并计算实验结果 t_R、f'_i 等数据填入表 31-3、表 31-4 中。

表 31-3　色谱标样测定结果

标样名称	标样浓度/10^{-6}	t_R/min	A	f'_i

表 31-4　样品测定结果

序　号	t_R/min	A	定性结果	定量结果
1				
2				
3				
4				

(1) 气相色谱仪由哪几个部分组成？

(2) 色谱分析定量方式有几种？是如何定量的？

(3) 色谱分析定性方式有几种？是如何定性的？

实验 32　空气和废气中非甲烷总烃的测定

非甲烷总烃(NMHC)通常是指除甲烷以外的所有可挥发的碳氢化合物(其中主要是 $C_2 \sim C_8$)。一般环境空气中 NMHC 的含量不高，但近些年随着现代工业的飞速发展，大量废气排入环境空气中，使得 NMHC 成为很多国家环境大气中的主要污染物。有数据表明，大气中 NMHC 的浓度超过一定范围，会直接影响人体健康，导致光化学烟雾，危害极大。

监测环境空气和工业废气中的 NMHC 有许多方法，但多数都采用气相色谱法。用双柱双氢火焰离子化检测器气相色谱法分别测出总烃和甲烷的含量，两者之差为 NMHC 的含量。在规定的条件下，所测得的 NMHC 是对气相色谱氢火焰离子化检测器有明显响应的除甲烷外碳氢化合物总量，以碳计。

一、实验目的

(1) 掌握使用采气袋采集环境空气和废气中有机物的方法；

(2) 掌握用气相色谱仪测定空气和废气中非甲烷总烃的原理及方法。

二、实验原理

以气袋采样，气体样品直接注入具有氢火焰离子化检测器的气相色谱仪，分别在总烃柱和甲烷柱上测总烃和甲烷的含量，两者之差即为非甲烷总烃含量。同时以除烃空气代替样品，测定氧在总烃柱上的响应值，以扣除样品中氧对总烃测定的干扰。

三、仪器与试剂

1. 仪器

(1) 气相色谱仪，配有 FID 检测器；

(2) 采样容器：全玻璃材质注射器，容积不小于 100mL，清洗干燥后备用；气袋材质要求低吸附性和低气体渗透率，不释放干扰物质，具有可接上采样管的聚四氟乙烯(Teflon)材质的接头，该接头同时也是一个可开启和关闭的阀门装置。采样气袋的容积至少 1 L，使用前用除烃空气清洗至少 3 次；

(3) 进样器：带 1mL 定量管的进样阀或 1mL 气密玻璃注射器；

(4) 真空气体采样箱：由进气管、真空箱、阀门和抽气泵等部分组成，样品经过的管路材质应不与被测组分发生反应；

(5) 毛细管色谱柱：甲烷柱，30m×0.53mm×25μm 多孔开口管分子筛柱或其他等效毛细管柱；总烃柱，30m×0.53mm 脱活毛细管空柱。

2. 试剂

(1) 除烃空气：总烃含量(含氧峰)≤0.4mg/m³(以甲烷计)，或在甲烷柱上测定，除氧峰外无其他峰。

(2) 甲烷标准气体：10.0μmol/mol，平衡气为氮气；

(3) 氮气：≥99.999%；

(4) 氢气：≥99.999%；

(5) 空气：用净化管净化；

(6) 标准气稀释气：高纯氮气或除烃氮气，≥99.999%。

四、实验内容

1. 样品采集

环境空气按照《环境空气质量手工监测技术规范》(HJ/T 194—2005)和《环境空气质量监测点位布设技术规范》(HJ 664—2013)的相关规定布点和采样；污染源无组织排放监控点空气按照《大气污染物无组织排放监测技术导则》(HJ/T 55—2000)或者相关标准进行布点和采样。采样容器经现场空气清洗至少3次后采样。以玻璃注射器满刻度采集空气样品，用惰性密封头密封；以气袋采集样品的，用真空气体采样箱将空气样品引入气袋，至最大体积的80%左右，立刻密封。

2. 实验条件的设置

(1) 进样口温度：100℃；

(2) 检测器：200℃；

(3) 柱温：80℃；

(4) 毛细管柱流量：氮气，8~10mL/min；

(5) 氢气：30mL/min；

(6) 空气：300mL/min；

(7) 柱尾吹气：氮气，15~25mL/min，不分流进样；

(8) 进样体积：1.0mL。

3. 标准系列的配制与测定

(1) 以100mL注射器(预先放入一片硬质聚四氟乙烯小薄片)或1L气袋为容器，按1∶1的体积比，用标准气体稀释气将甲烷标准气体逐渐稀释，配制5个浓度梯度的校准系列，该校准系列的浓度分别是0.625、1.25、2.50、5.00、10.0μmol/mol。

(2) 由低浓度到高浓度依次抽取1.0mL校准系列，注入气相色谱仪，分别测定总烃和甲烷。以总烃和甲烷的浓度(μmol/mol)为横坐标，以其对应的峰面积为纵坐标，分别绘制总烃、甲烷的校准曲线。

4. 样品测定

(1) 总烃和甲烷的测定

按照与绘制校准曲线相同的操作步骤和分析条件，测定样品的总烃和甲烷峰面积，总烃峰面积应扣除氧峰面积后参与计算。

(2) 氧峰面积的测定

按照与绘制校准曲线相同的操作步骤和分析条件，测定除烃空气中总烃柱上的氧峰面积。

五、数据处理

1. 标准曲线的绘制

标准气体峰面积测定结果填入表32-1。以标样浓度为横坐标、峰面积为纵坐标,通过线性回归得标准曲线 $A = bc_0 + a$。

表32-1 标准气的测定结果

标样浓度/(μmol/mol)	0.625	1.25	2.50	5.00	10.0
甲烷峰面积					
总烃峰面积					
(总烃-氧峰)峰面积					
氧峰面积					

2. 样品中总烃、甲烷质量浓度的计算

$$c_1 = c_0 \times \frac{16}{22.4}$$

式中　c_1——样品中总烃或甲烷的质量浓度(以甲烷计),mg/m³;

c_0——从校准曲线获得的样品中总烃或甲烷的质量浓度(总烃计算时应扣除氧峰面积),μmol/mol;

16——甲烷的摩尔质量,g/mol;

22.4——标准状态(273.15K,101.325kPa)下气体的摩尔体积,L/mol。

3. 样品中非甲烷总烃质量浓度的计算

$$c_{NMHC} = (c_{THC} - c_M) \times \frac{12}{16}$$

式中　c_{NMHC}——样品中非甲烷总烃的质量浓度(以碳计),mg/m³;

c_{THC}——样品中总烃的质量浓度(以甲烷计),mg/m³;

c_M——样品中甲烷的质量浓度(以甲烷计),mg/m³;

12——碳的摩尔质量,g/mol;

16——甲烷的摩尔质量,g/mol。

六、思考题

(1)测定非甲烷总烃时,为什么要扣除氧峰?

(2)简述《环境空气质量手工监测技术规范》(HJ/T 194—2005)和《环境空气质量监测点位布设技术规范》(HJ 664—2013)相关的规定布点和采样的要求。

(3)简述《大气污染物无组织排放监测技术导则》(HJ/T 55—2000)中布点和采样的要求。

实验33　空气和废气中铅的采集与测定

铅是一种能在人类和牲畜体内长期积累的金属,不易排出体外,铅具有致癌、致畸、致突变的危害。铅的工业污染来自矿山开采、冶炼、橡胶生产、染料、印刷、陶瓷、铅玻璃、焊锡、电缆及蓄电池生产等，而铅附着在颗粒物上以气态形式的排放是一种主要的污染途径。

目前测定铅的方法有火焰原子吸收光谱法、氢化物发生原子吸收光谱法、无火焰原子吸收光谱法、氢化物发生原子荧光光谱法、双硫腙分光光度法、电感耦合等离子体质谱法等方法，所采集的大气和污染源废气中铅的提取方法，通常有微波消解法、酸煮法和索氏提取法。

本实验用超细玻璃纤维无胶滤筒作为采样测定材料，分别用微波消解和酸煮法对滤筒进行前处理，采用火焰原子吸收法测定样品中铅的含量。

一、实验目的

(1) 掌握原子吸收分光光度法的原理；
(2) 学习废气采样方法并掌握相关实验技术；
(3) 掌握样品的消解方法，掌握原子吸收分光光度计的使用方法。

二、实验原理

将滤膜或滤筒采集的颗粒样品，经消解制成样品溶液，直接吸入空气–乙炔火焰中原子化。试样喷入火焰，使样品中的铅在火焰中离解形成原子蒸气，由锐线光源（铅空心阴极灯）发射的特征谱线光辐射通过铅原子蒸气层时，铅元素的基态原子对特征谱线 283.3nm 产生选择性吸收。在一定条件下特征谱线光强的变化与试样中铅元素的浓度成比正比，即：

$$A = Kc$$

式中，A 为吸光度；K 为常数；c 为溶液中铅离子浓度。

根据标准曲线，就可以求出待测溶液铅离子的浓度。

三、仪器与试剂

1. 仪器
(1) 原子吸收分光光度计；
(2) 铅元素空心阴极灯；
(3) 乙炔钢瓶；
(4) 空气压缩机；
(5) 微波消解仪；
(6) 烟尘测试仪；
(7) 大气采样器。

2. 试剂
(1) 超细玻璃纤维无胶滤筒：28mm×50mm 或 25mm×90mm；
(2) 金属铅：光谱纯；
(4) 硝酸：优级纯；
(5) 过氧化氢：30%，分析纯；
(6) 微孔滤膜：孔径 0.8μm，直径 8cm。

四、实验内容

1. 样品采集

（1）铅尘采集：使用大气采样器，将微孔滤膜放入采样夹中拧紧，在各采样点，以50~150L/min的流量，分别采样20~40m³，并记录采样时的温度、压力。

（2）锅炉烟气采集：采样前先将超细玻璃纤维无胶滤筒进行脱铅处理。用（1+1）热硝酸浸泡3h，取出后在水中浸泡约10min，取出用水淋洗至近中性，烘干称重。

使用烟尘测试仪，用超细玻璃纤维无胶滤筒，以20~30L/min流量对排铅烟道采样20~30min，使采样体积约为400L（标况）。当温度>400℃时，铅呈气态存在，应将废气导出管道外，使温度降至400℃以下，用采样头采样；温度<400℃时在管道内采样。

2. 样品消解与制备

（1）微波消解法：将采集过的铅尘滤膜、铅烟滤筒（及空白滤筒）分别放入60mL微波消解罐中，依次加入10mL硝酸、3mL浓度为30%过氧化氢，用微波消解仪在190℃下消解6min。

（2）酸煮法：分别将空白滤筒和采集到的含铅滤筒、采集过的铅尘滤膜放入250mL锥形瓶中，加入50mL（1+1）硝酸溶液，15mL30%过氧化氢，插入一只小漏斗，在电热板上微沸1h后再小心滴加5mL过氧化氢，继续消煮2h。

消解样品冷却后用真空抽滤装置过滤，再用1%热稀硝酸冲洗数次。待滤液冷却后，转移至50mL容量瓶中，用蒸馏水定容至标线，同时做平行空白实验。

3. 设置仪器工作参数

按照仪器操作规程打开仪器，设置光源、灯电流、测定波长、狭缝宽度等仪器工作参数。

4. 标准曲线的绘制

（1）铅标准储备液的配制

准确称取经稀酸清洗并干燥后的0.1000g金属铅溶于10mL（1+1）硝酸中，转移至100mL容量瓶中，用去离子水稀释至刻度，此溶液含铅量为1.00mg/mL。

（2）铅标准使用液的配制

准确吸取10.00mL上述铅标准贮备液于100mL容量瓶中，用0.5%的硝酸稀至刻度，摇匀。此铅标准溶液浓度为100μg/mL。

（3）铅标准系列的配制

准确吸取1.00、2.00、3.00、4.00、5.00mL浓度为100μg/mL铅标准使用液，分别置于5只50mL容量瓶中，该标准溶液系列铅的质量浓度分别为2、4、6、8、10μg/mL。在选定的仪器操作条件下，以空白实验为参比调零，测定相应的吸光度。

5. 样品中铅的测定

将处理好的样品在选定的操作条件下，以空白实验为参比调零，测定其吸光度，再由标准曲线计算出样品中铅的含量，并计算空气和废气中铅的含量。

测定结束后，先吸喷去离子水，清洁燃烧器，然后关闭仪器。关仪器时，必须先关闭乙炔，再关电源，最后关闭空气。

五、数据处理

1. 记录实验条件

相关数据填写在表 33-1 中。

表 33-1　仪器操作条件

1	仪器型号	
2	光源	铅空心阴极灯
3	吸收线波长/nm	
4	灯电流/mA	
5	狭缝宽度/mm	
6	燃烧器高度/mm	
7	乙炔流量/(L/min)	
8	空气流量/(L/min)	
9	燃助比(乙炔:空气)	

2. 标准曲线的绘制

将铅标准溶液系列的吸光度值记录于表 33-2，然后以吸光度为纵坐标，质量浓度为横坐标绘制标准曲线，并计算回归方程和相关系数。

表 33-2　标准溶液测定结果(终体积 50mL、$Pb^{2+}=100\mu g/mL$)

Pb 标液加入量/mL	0.00	1.00	2.00	3.00	4.00	5.00
Pb 浓度/(μg/mL)	0.0	2.0	4.0	6.0	8.0	10.0
吸光度值 A						

3. 样品测定结果

在同一仪器条件下，分别对空白滤筒滤液、空白溶剂、含铅滤筒滤液进行测定，仪器直读法记录各样品的浓度值，用如下公式计算废气中的铅浓度。

$$铅(mg/m^2) = \frac{(c - c_{00} - 1/2c_0) \times 50}{V_{nd}} \times \frac{V_t}{V_a}$$

式中　c——测定时 50.0mL 样品溶液中铅浓度，mg/L；

　　　c_{00}——空白滤筒中铅浓度，mg/L；

　　　c_0——空白溶液中铅浓度，mg/L；

　　　V_t——样品溶液定容总体积，mL；

　　　V_a——测定时所取样品溶液稀释后的体积，mL；

　　　V_{nd}——标准状态下干废气的采样体积，mL。

4. 写出实验报告

六、思考题

（1）样品消解方法除了微波消解法和酸煮法以外还有哪些方法？查阅相关资料说明操作方法。

（2）使用烟尘测试仪采样时要注意哪些问题？

实验 34　室内空气中甲醛的采集与测定

　　甲醛化学分子式为 HCHO，是一种无色，有强烈刺激性气味的气体。易溶于水、醇和醚。甲醛在常温下是气态，通常以水溶液形式出现。其 37%浓度的水溶液称为福尔马林，此溶液沸点为 19℃，故在室温时极易挥发，随着温度的上升挥发速度加快。

　　甲醛来源极为广泛。自然界中的甲醛是甲烷循环中的一个产物。室内来源主要有两个方面：一是燃料和烟叶的不完全燃烧；二是建筑装饰材料，装饰物以及生活日用品等化工产品。甲醛在工业中是生产黏合剂的重要原料，各种人造板、新制作的家具、墙面、地面的装饰铺设，都要使用黏合剂，因而都含有游离甲醛。因此，凡是使用黏合剂的环节总会有甲醛释放，如某些化纤地毯、塑料地板、油漆涂料、建筑材料、化妆品、清洁剂、杀虫剂、消毒剂、防腐剂、印刷油墨、纸张、纺织纤维等都含有一定量的甲醛；另外，甲醛还是人体内正常代谢的产物，既是内生性物质(由蛋白质、氨基酸等正常营养成分代谢产生)，又是许多外源性化学物质进入人体后的代谢产物。

　　室内空气中的甲醛浓度大小与以下几个因素有关：室内温度、室内相对湿度、室内材料的装载度(即每立方米的室内空间里甲醛散发材料的表面积)、室内空气的换气次数。在高温、高湿、负压和高负载条件下会加剧甲醛的散发力度。一般情况下，甲醛释放缓慢，人造板材中甲醛的释放期一般为 3~15 年。

　　甲醛化学性质活泼，可以发生加成反应、缩合反应、氧化和还原反应。利用这些反应，甲醛的测定方法有 4-氨基-3-联氨-5-巯基-1,2,4-三氮杂茂(以下简称 AHMT)分光光度法、酚试剂分光光度法、乙酰丙酮分光光度法、变色酸分光光度法、盐酸副玫瑰苯胺分光光度法等化学方法。仪器分析法有高效液相色谱法、气相色谱法和电化谱法和电化学法。

　　在标准 GB/T 18204.2—2014《公共场所卫生检验方法　第 2 部分：化学污染物》中，甲醛的测定方法有：AHMT 分光光度法、酚试剂分光光度法、气相色谱法、光电光度法和电化学传感器法。

　　采用标准 GB/T 15516—1995《空气质量 甲醛的测定 乙酰丙酮分光光度法》，共存的酚和乙醛等无干扰，操作简易，重现性好。变色酸分光光度法显色稳定，但需要使用浓硫酸，操作不便且共存的酚干扰测定。两种方法的灵敏度相同，均需要在沸水浴中加热显色，变色酸加热时间较长。

　　目前国内普遍使用的电化学甲醛检测仪，可以直接在现场测定甲醛浓度，当场显示，操作方便，适用于室内和公共场所空气中甲醛浓度的现场测定。

一、实验目的

　　(1)掌握乙酰丙酮分光光度法测定甲醛的原理；
　　(2)掌握气体样品的采集方法和大气采样器的使用方法；
　　(3)进一步巩固分光光度计的使用和操作。

二、实验原理

　　甲醛气体经水吸收后，在 pH=6 的乙酸-乙酸铵缓冲溶液中，与乙酰丙酮作用，在沸水浴条件下，迅速生成稳定的黄色化合物，在波长 413nm 处测定吸光度，根据测定的吸光度的大小和采样体积计算甲醛的浓度。

三、仪器与试剂

1. 仪器

（1）大气采样器：流量范围为 0.1~1L/min，流量稳定可调，恒流误差小于 2%，采样前和采样后应用皂膜流量计校准采样系列流量，误差小于 5%；

（2）大型气泡吸收管：出气口内径为 1mm，出气口至管底距离之 ≤5mm，有 10mL 刻度线；

（3）具塞比色管：10mL；

（4）分光光度计：在 413mm 测定吸光度；

（5）水浴锅；

（6）水银温度计：0~100℃；

（7）酸度计。

2. 试剂

（1）乙酰丙酮：相对密度 0.975；

（2）乙酸铵：分析纯；

（3）冰乙酸：分析纯；

（4）碘：分析纯；

（5）碘化钾：分析纯；

（6）硫代硫酸钠溶液：$c(Na_2S_2O_3) = 0.1mol/L$，称取 6.3g 硫代硫酸钠（$Na_2S_2O_3 \cdot 5H_2O$）和 2g 碳酸钠（Na_2CO_3）溶解于 250mL 新煮沸但已冷却的水中，贮于棕色试剂瓶中，放一周后过滤，并标定其浓度。标定方法参见废水中硫化物的测定（实验 5）或校园湖水溶解氧的测定（实验 20）中硫代硫酸钠标定部分。

（7）1mol/L 氢氧化钠溶液：称取 4.0gNaOH 于 100mL 烧杯中，加水稀释至 100mL。

（8）0.5mol/L 硫酸溶液：取 2.8mL 浓硫酸缓慢加入 80mL 水中，冷却后，稀释至 100mL。

（9）淀粉溶液：1g/100mL，称 1g 淀粉，用少量水调成糊状，倒入 100mL 沸水中，呈透明溶液，临用时配制。

（10）重铬酸钾溶液：$c(1/6\ K_2Cr_2O_7) = 0.1000mol/L$，称 1.2258g 经 110℃ 干燥 2h 的重铬酸钾溶于水，定容至 250mL 容量瓶。

四、实验内容

1. 甲醛标准溶液的配制与标定

（1）0.1mol/L 碘（$1/2I_2$）溶液的配制

称 4.0g 碘化钾溶于 20mL 水，加入 1.27g 碘溶解，待碘完全溶解后移入 100 mL 容量瓶，用水稀释定容。

（2）甲醛标准储备液的配制

取 2.8mL 甲醛溶液（含甲醛 36%~38%）于 1L 容量瓶中，加 0.5mL 硫酸并用水稀释至刻度，混匀。

（3）甲醛标准储备液的标定

精确量取 20.00mL 甲醛标准储备溶液，置于 250mL 碘量瓶中。加入 20.00mL 碘溶液和 15mL 的 1mol/L 氢氧化钠溶液，放置 15min。加入 20mL0.5mol/L 硫酸溶液，再放置 15min，用 0.1000mol/L 硫代硫酸钠标准溶液滴定，至溶液呈现淡黄色时，加入 1mL0.5% 淀粉溶液，继续滴定至刚使蓝色消失为终点，记录所用硫代硫酸钠标准溶液体积。同时用水做试剂空白滴定，记录空白滴定所用硫代硫酸钠标准溶液体积。

（4）甲醛标准使用溶液的配制

用水将甲醛标准储备液稀释成 5μg/mL 甲醛标准使用液，甲醛标准使用液应临用时现配。

2. 乙酰丙酮溶液的配制

称 25.0g 乙酸铵，加少量水溶解，加 3mL 冰乙酸及 0.25mL 新蒸馏的乙酰丙酮，混匀再加水至 100mL，调整 pH=6.0，此溶液乙酰丙酮浓度为 0.25%（V/V），于 2~5℃贮存，可稳定一个月。

3. 标准系列的配制与测定

取 6 支 10mL 具塞比色管，分别加入 5μg/mL 甲醛标准溶液 0、0.1、0.2、0.4、0.8、1.60mL，用水稀释定容至 10.0mL，加 0.25% 乙酰丙酮溶液 2.0mL，混匀，置于沸水浴中加热 3min，取出冷至室温，用 1cm 比色皿，在 413nm 处以蒸馏水为参比测定吸光度。测定结果填入表 34-1。

以甲醛的浓度（μg/mL）为横坐标，峰面积为纵坐标，绘制标准曲线，并计算回归方程。

表 34-1　甲醛标准系列配制

管　　号	1	2	3	4	5	6
甲醛加入量/mL	0.0	0.1	0.2	0.4	0.8	1.6
甲醛含量/μg	0.0	0.5	1.00	2.00	4.00	8.00
A						
$A-A_0$						

4. 样品采集与测定

日光照射能使甲醛氧化，因此在采样时选用棕色吸收管，在样品运输和存放过程中，都应采取避光措施。用一个内装 5mL 吸收液（不含有机物的重蒸馏水）的气泡吸收管，以 0.5mL/min 的流量，采气 20min 以上。采集好的样品于室温避光足存，2d 内分析完毕。

采样后，将样品溶液移入比色管中，按作标准曲线的步骤进行分光光度测定。用现场空白吸收管未采样的吸收液进行空白测定。

采样相关数据记录在表 34-2。

表 34-2　样品采集情况

平均大气压/kPa		采样体积	
平均环境温度/℃		平均流量/（mL/min）	
采样时间			

五、数据处理

1. 甲醛标准储备液浓度计算

$$c = \frac{(V_1 - V_2) \times M \times 15}{20}$$

式中　c——甲醛标准贮备溶液中甲醛浓度，mg/mL；

　　　V_1——滴定空白时所用硫代硫酸钠标准溶液体积，mL；

　　　V_2——滴定甲醛溶液时所用硫代硫酸钠标准溶液体积，mL；

　　　M——硫代硫酸钠标准溶液的摩尔浓度，mol/L；

　　　15——甲醛的换算值。

2. 样品中甲醛含量（µg）计算

以甲醛含量为横坐标、吸光度为纵坐标，通过线性回归得标准曲线 $y = A - A_0 = bx + a$。

$$x = \frac{A - A_0 - a}{b} \times \frac{V_1}{V_2}$$

式中　b，a——标准曲线的斜率和截距；

　　　A——样品测定吸光度；

　　　A_0——空白实验吸光度；

　　　V_1——定容体积，mL；

　　　V_2——测定取样体积，mL。

3. 室内环境甲醛浓度（mg/m³）计算

$$c(\text{mg/m}^3) = \frac{x}{V_{\text{nd}}}$$

式中　c——室内甲醛浓度，mg/m³；

　　　x——样品中甲醛含量，µg；

　　　V_{nd}——标准状况下的采样体积，L。

六、思考题

（1）简述酚试剂分光光度法和 AHMT 分光光度法测定甲醛的原理。

（2）在采集甲醛样品时，为什么要采取避光措施，而且选用棕色吸收管采集？

（3）室内甲醛的来源有哪些？对环境有什么影响？

实验35　室内空气中氡的测定

　　从 20 世纪 60 年代末期首次发现室内氡的危害以来，人们发现氡对人体的辐射占人体所受到全部环境辐射的 55%以上，对人体健康的威胁极大，其发病潜伏期一般在 15 年以上。氡是导致人类肺癌的第一大"杀手"，是除吸烟以外引起肺癌的第二大因素，世界卫生组织把它列为使人致癌的 18 种物质之一。

　　氡是自然界中唯一由镭衰变产生的天然放射性惰性气体，无色无味，几乎存在所有的室内场所。在自然界中，氡有 ^{222}Rn、^{220}Rn、^{219}Rn 3 种同位素，其半衰期分别为 3.825d、56s 和 9.36s，由于 ^{220}Rn 和 ^{219}Rn 的半衰期短，因而在环境中含量最多、对人体危害最大的主要是

^{222}Rn，其粒子的能量为 5.481Mev，在空气中的射程 4.04cm。^{222}Rn 进一步衰变可产生 ^{218}Po，^{214}Pb，^{214}Bi，^{214}Po 等短寿命子体。氡极具扩散性、溶解性和吸附性，能够溶解于脂肪和各种有机溶剂中，氡在脂肪中的溶解度为水的 125 倍，并且几乎能被所有固体，尤其是松散多孔的物质所吸附。活性炭吸附氡的能力最强，2.5g 活性炭可吸附 10~100Bq 氡。

室内氡及其子体的来源有以下几个方面：

（1）从房屋宅基的土壤或岩石中析出。氡通过地层断裂带进入土壤和大气层，当地板有裂缝或土壤中天然放射性活度高时，氡进入室内。平房、高层建筑地下室或底层等建筑物内氡聚集的浓度高，3 层及以上楼房（即高于 9m）基本不受氡污染的影响；

（2）建筑材料。当房屋使用的各种建筑材料，含有不同程度的镭和一些高含量铀物质，裂解生成的氡便进入室内。室内氡浓度的影响与建材中镭含量、辐射能力、扩散系数、墙体表面密封材料的性质及厚度有关。

（3）地下用水。不同水体中氡的浓度差异较大，水对室内氡浓度的影响取决于水中氡浓度，以及用水量和水的使用方式。

（4）家用燃料。天然气、煤气和煤等燃料中含有较高浓度的铀、镭元素。据测定，1kg 煤燃烧产生 36Bq 的 ^{222}Rn，所以化石燃料也是室内氡污染的一个重要来源。

（5）室外空气中的氡。氡通过分子扩散或渗流离开母体进入大气环境中，在风速、温湿等气象因素作用下，易进入室内聚集。

氡及其子体随空气进入人体，或附着于气管黏膜及肺部表面，或溶入体液进入细胞组织，形成体内辐射，诱发肺癌、白血病和呼吸道病变。世界卫生组织研究表明，氡是仅次于吸烟引起肺癌的第二大致癌物质。据美国国家安全委员会估计，每年因为氡而引发的肺癌死亡人数高达 3 万，氡及其子体已经成为引发肺癌的第二大物质，被国际癌症研究机构列为室内头号致癌杀手。

调查结果显示已调查地区各类住房中绝大多数室内氡浓度小于 400Bq/m³。我国《民用建筑室内环境污染控制规范》（GB 50325—2010）中规定，Ⅰ类民用建筑工程中氡的最高限量为：≤200Bq/m³，Ⅱ类民用建筑工程中氡限量为：≤400Bq/m³。在《室内空气质量标准》（GB/T 18883—2002）中规定氡的最高限量为 400Bq/m³（年平均值）。

由于室内空气污染物的特殊性，采样环境对污染物的浓度有很大的影响。主要影响因素有：温度、湿度、大气压、风速。当温度较高、湿度低的时候更容易挥发，造成室内污染物浓度升高。大气压力会影响气体的体积，从而影响其浓度。当室外环境存在污染源时，室内污染物的浓度也会增加。若室内长期处于封闭状态下，没有与外界进行空气流通，一些室内空气污染物的浓度会较高。

采样点布置同样会影响室内污染物监测的准确性。如果采样点布置不科学，所得的监测数据就不能科学地反映室内空气质量。应根据监测目的与对象进行布点。根据监测对象的面积大小来决定采样点的数量。除特殊目的外，一般采样点分布应均匀，并离门窗有一定的距离，以避免局部微小气候造成的影响。采样点的高度应与人呼吸带高度一致，一般距地面 1.5m 或 0.75~1.5m。

一、实验目的

（1）通过对实际建筑物内的室内空气氡浓度的测定，了解测定氡浓度的原理；
（2）学会氡测量仪的使用；
（3）学会对测定结果做出相应评价及分析。

二、实验原理

氡气体经过一个膜片扩散到测量室。在测量室内的半导体探测器将探测到的^{222}Rn 以及子体^{218}Po 和^{214}Po 的衰变转换成能量相当的电压脉冲。内部的多道分析器能给出在预选采样间隔内的不同核素的总计数。该仪器检测模式：可以从^{222}Rn、^{218}Po 和^{214}Po 的总计数计算出氡气的浓度；准确检测出每一个氡子体的衰变情况，核素剂量数值，整个检测过程的数据按照时间顺序自动保存在存储器内，用于进一步的分析和报表输出。

三、仪器

连续氡测量仪，主要性能指标要求如下：

测量范围：$10 \sim 10^5 Bq/m^3$；

探测下限：$<10 Bq/m^3$；

测量结果的不确定度：$\leq 25\%$（置信度 95%）；

环境条件：温度 $0 \sim 40℃$；相对湿度最大 90%，$30℃$。

四、实验内容

1. 筛选测量

为了评价室内氡水平，测量一般分以下两步进行：第一步筛选测量，用以快速判定建筑物是否有对居住者将产生高辐射的潜在危险。第二步跟踪测量，用以估计居住者的健康危险度以及对治理措施作出评价。

筛选测量用以快速判定建筑物内是否含有高浓度氡气，以决定是否需要或采取哪类跟踪测量。筛选测量的特点是花费少且操作简单，不会把时间或经费浪费在那些对健康不构成危险的室内环境。

筛选测量的采样时间：连续氡测量仪采样至少 6h，最好 24h 或更长。

点位的选择：筛选测量应在氡浓度估计最高和最稳定的房间或区域内进行。

测量应当在最靠近房屋底层的经常使用的房间，包括家庭住房、起居室、书房、娱乐室、卧室等。优先选择的是底层的卧室，因为多数人在卧室内度过的时间比在其他任何房间都长。测量不应选择在厨房和洗澡间。因为厨房排风扇产生的通风会影响测量结果。洗澡间的湿度很高，可能影响某些仪器的灵敏度。

测量应避开采暖、通风、空调系统的通风口，火炉以及门、窗等能引起空气流通的地方。还应避开阳光直晒和高潮湿地区。测量位置应距离门、窗 1m 以上，距离墙面 0.5m 以上。测量仪应放置在离地面至少 0.5m，并不得高于 1.5m，并且距离其他物体 10cm 以上的位置。测定前关闭门窗 12h。根据表 35-1 筛选测量结果。

表 35-1 筛选测量结果

筛选测量结果/（Bq/m^3）	推荐措施
≤ 400	不需要跟踪测量，可出具监测达标的监测报告
>400	进行跟踪测量，跟踪测量可以是短期测量或长期测量

2. 跟踪测量

跟踪测量的目的是要更准确地测量氡长期平均浓度，以便就其危害和需要采取的补救行动作出判定。依据表35-2选择跟踪测量的时间。

表35-2 跟踪测量的选择

筛选测量结果/(Bq/m³)	采取措施
>800	短期跟踪测量。在封闭的条件下历时24h的测量
400~800	长期跟踪测量。在建筑正常使用条件下,每3个月进行4次历时24h的测量

跟踪测量的地点应当在筛选测量相同的位置上进行。

五、数据处理

实验结果记录在表35-3。

表35-3 实验结果记录表

测定方法	
测定日期/时间	
测定地点	
测定结果	
推荐措施	

依据跟踪测量结果,见表35-4,出具监测报告,并采取相应的补救措施。

表35-4 跟踪测量结果与推荐措施

跟踪测量结果/(Bq/m³)	推荐措施
<400	出具达标的监测报告。不必采取措施
>400(长期跟踪测量) >800(短期跟踪测量)	出具不达标的监测报告。采取措施,将氡水平降低到400 Bq/m³以下或更低水平
400~800(短期跟踪测量)	长期跟踪测量。建议采取措施,将氡水平降低到400 Bq/m³或更低水平

六、思考题

(1)测量选点时应该注意哪些问题?

(2)室内氡污染来源有哪些方面?

实验36 室内总挥发性有机化合物的测定

室内总挥发性有机物(简称TVOC)主要来自油漆、含水涂料、黏合剂、化妆品、洗涤剂、人造板、壁纸、地毯等。挥发性有机化合物(VOCs)是指在常压下沸点在50~260℃的有机化合物,按其化学结构可以分为芳香烃(苯、甲苯、二甲苯)、酮类、醛类、胺类、卤代类、不饱和烃类等。

在室内已发现的TVOC多达几千种,分为8类:烷类、芳烃类、烯类、卤烯类、酯类、醛类、酮类和其他。TVOC对人体的影响较大,它的浓度过高将直接刺激人体的嗅觉和其他器官,引起刺激性过敏反应、神经性作用等。

室内的 TVOC 主要是由建筑材料、室内装饰材料及生活和办公用品等散发出来的。如建筑材料中的人造板、泡沫隔热材料、塑料板材；室内装饰材料中的油漆、涂料、黏合剂、壁纸、地毯；生活中用的化装品、洗涤剂等；办公用品主要是指油墨、复印机、打字机等；在室内装饰装修材料造成的室内空气污染中，TVOC 是一个种类多、成分复杂、长期低剂量释放、对人体危害较大的污染物质。它的释放主要是因为使用了含大量有机溶剂的溶剂型涂料以及家装使用的各种板材黏合剂。此外，家用燃料及吸烟、人体排泄物及室外工业废气、汽车尾气、光化学污染也是影响室内总挥发性有机物（TVOC）含量的主要因素。

总挥发性有机物对人体健康危害很大，若长期处于含有 TVOCs 的环境中，在感官方面会造成人体视觉、听觉、嗅觉受损，在感情方面会造成应激性、神经质、冷淡症或忧郁症，在认识方面会造成长期或短期记忆混淆，在运动方面会造成体力变弱或不协调。可以引起机体免疫系统水平失调，影响中枢神经系统功能，出现头晕、头痛、嗜睡、无力、胸闷等自觉症状，还可影响消化系统，出现食欲不振、恶心等，严重时甚至可损伤肝脏和造血系统，出现变态反应等。

常用的 TVOC 测定方法是固体吸附剂管采样，然后加热解吸，用毛细管气相色谱法测定。根据解吸方法不同，可以分为热解吸直接进样的气相色谱法和热解吸后手工进样的气相色谱法两种。根据国家标准《民用建筑工程室内环境污染控制规范》（GB 50325—2001）的规定，当有争议时以热解吸直接进样的气相色谱法为准。国家标准《室内空气质量标准》（GB 18883—2002）规定，室内空气中 TVOC 的限值为 0.6mg/m³。

一、实验目的

（1）理解气相色谱法的分离和测定原理；
（2）掌握利用热解吸直接进样气相色谱法测定室内空气中 TVOC 的方法；
（3）掌握热解吸仪和气相色谱仪的使用和操作方法。

二、实验原理

选择合适的吸附剂 Tenax-TA，用 Tenax-TA 吸附管采集一定体积的空气样品，空气中的挥发性有机化合物保留在吸附管中，通过热解吸装置加热吸附管得到挥发性有机化合物的解吸气体，将其注入气相色谱仪，进行色谱分析，以保留时间定性、峰面积定量。

三、仪器与试剂

1. 仪器
（1）气相色谱仪，配有 FID 检测器；
（2）大气采样器：流量范围为 0.1~0.5L/min；
（3）氢气发生器；
（4）热解吸仪：能对吸附管进行热解吸，并将解吸气用惰性气体带入气相色谱仪；解吸温度、时间和载气流速可调；冷阱可将解吸样品进行浓缩；
（5）注射器：1μL、10μL、1mL、100mL 注射器若干个。
2. 试剂
（1）标准品：苯、甲苯、对（间）二甲苯、邻二甲苯、苯乙烯、乙苯、乙酸丁酯、十一烷的标准溶液或标准气体。

（2）Tenax-TA 采样管：内装 200mg 粒径为 60～80 目 Tenax-TA 吸附剂的玻璃管或内壁抛光的不锈钢管，使用前应通氮气加热活化，活化温度应高于解吸温度，活化时间不少于30min，活化至无杂质峰。

（3）载气：氮气(纯度不小于 99.999%)。

四、实验内容

1. 样品的采集与解析

（1）采样：应在采样地点打开吸附管，将 Tenax-TA 采样管与大气采样器连接，以 0.1～0.4mL/min 的流速采样，采集 5～10L 气体。其间记录采样温度及大气压力值。填写室内空气采样记录表。采样后，取下吸附管，密封吸附管的两端，做好标记，放入可密封的金属或玻璃容器中，应尽快分析，样品最长可保存 14d。

注意：采集室外空气空白样品，应与采集室内空气样品同步进行，地点宜选择选择在室外上风向处。

（2）热解吸过程：将吸附样品的 Tenax-TA 采样管放入热解吸仪中在 300℃ 下热解吸一定时间后，以高纯氮气在流速 50mL/min 下将解析气反向吹出，解吸气收集到100mL 的注射器中，密封待用。也可将将吸附管置于热解吸直接进样装置中，250～325℃解吸后，解吸气体直接由进样阀快速进入气相色谱仪，进行色谱分析，以保留时间定性、峰面积定量。

2. 实验条件的设置

（1）色谱柱：毛细管柱(DB-5 或 SE52 柱 30m×0.32mm×5.0μm)；

（2）色谱条件：初温 50℃(10min)，以 5℃/min 升至 250℃(2min)；

（3）进样口温度：130℃；

（4）检测器：250℃；

（5）柱流量：1.0mL/min；

（6）氢气：40mL/min；

（7）空气：400mL/min；

（8）分流比：10∶1；

（9）进样体积：1μL。

3. 标准系列的配制与测定

根据实际情况可以选用气体外标祛或液体外标法。

（1）气体外标法：准确吸取气体组分依度约 1mg/m³ 的标准气体 100mL、200mL、400mL、1000mL、2000mL 通过吸附管，为标准系列。

（2）液体外标法：取单组分含量为 0.05mg/mL、0.1mg/mL、0.5mg/mL、1.0mg/mL、2.0mg/mL 标准溶液按 1～5μL 注入吸附管，同时用 100mL/min 的氮气通过吸附管，5min 后取下，密封，为标准系列。本实验采用液体外标法。

（3）用热解吸气相色谱法分析吸附管标准系列，以各组分的含量(μg)为横坐标，峰面积为纵坐标，分别绘制标准曲线，并计算回归方程。

4. 样品测定

每支样品吸附管及未采样管，按标准系列相同的热解吸气相色谱分析方法进行分析，以保留时间定性、峰面积定量。

五、数据处理

1. 标准曲线的绘制

标准溶液的测定结果填入表 36-1。以标样浓度为横坐标、峰面积为纵坐标，通过线性回归或绘图得标准曲线。

表 36-1　标准溶液的测定结果

浓度/(mg/mL)	苯	甲苯	对二甲苯	间二甲苯	邻二甲苯	苯乙烯	乙苯	乙酸丁酯	十一烷
0.05									
0.1									
0.5									
1.0									
2.0									
保留时间									

2. 气体样品测定

用保留时间定性、峰面积定量，并记录相关采样参数于表 36-2。

表 36-2　样品采集情况

平均大气压/kPa	
平均环境温度/℃	
采样时间	
采样体积	
平均流量/(mL/min)	

3. 采样结果计算

(1) 空气样品中各组分的浓度按下式计算

$$c_m = \frac{m_i - m_0}{V}$$

式中　c_m——所采空气样品中 i 组分浓度，mg/m³；

　　　m_i——样品管中 i 组分的量，μg；

　　　m_0——未采样管中 i 组分的量，μg；

　　　V——空气采样体积，L。

(2) 空气样品中各组分的浓度按下式换算成标准状况下的浓度

$$c_c = c_m \times \frac{101.3}{p} \times \frac{t \times 273}{273}$$

式中　c_m——标准状况下所采空气样品中 i 组分浓度，mg/m³；

　　　p——采样时采样点的大气压力，kPa；

　　　t——采样时采样点的温度，℃。

(3) 按下式计算所采空气样品中总挥发性有机化合物(TVOC)的浓度

$$c_{\text{TVOC}} = \sum_{i=l}^{i=n} c_c$$

式中　c_{TVOC}——标准状况下所采空气样品中总挥发性有机化合物(TVOC)的浓度，mg/m^3；

　　　c_c——空气样品中某一组分换算成标准状况下的浓度。

六、思考题

(1) 气相色谱仪由哪几个部分组成?

(2) 色谱分析定量方式有几种? 是如何定量的?

(3) 用热解吸气相色语法测定室内空气中 TVOC 的影响因素有哪些?

第五章　固体与噪声监测分析实验

实验 37　土壤中氯苯的测定

氯苯类化合物是在农药、染料、化工生产中广泛应用的原料，大多为持久性有毒有机物，对环境及人类健康会造成极大的危害。氯苯类化合物有较强的气味，其理化性质稳定，不易分解，在水中溶解度小，可溶于醇、醚、苯等多种有机溶剂。施在耕地、农作物上的氯苯类杀虫剂、除草剂农药，可残留在土壤中，造成土壤污染。

氯苯类化合物(CBs)主要包括氯苯、二氯苯、三氯苯、四氯苯、五氯苯、六氯苯，其物理性质稳定，不易分解，对人体的皮肤、结膜、呼吸器官产生刺激，进入人体内有蓄积作用，抑制中枢神经，严重中毒时，会损坏肝脏和肾脏。氯苯类污染物属于有机氯污染物，工业污水处理厂的生物降解法一般难以去除污水中的氯苯类有机污染物，这主要是因为氯原有较高的电负性，强烈吸引苯环上的电子，使苯环成为一个疏电子环，因而氯苯类化合物很难发生亲电反应。随着氯取代基的增多，氯苯类化合物的活性逐次下降，尤其是氯苯、1,3-二氯苯、1,4-二氯苯、1,2,4-三氯苯、六氯苯都是毒性很高的化合物，被众多环保机构列为优先污染物的黑名单。

一氯苯可用于电子工业产品和原料的检验，也可用作洗涤、醋酸纤维素、人造树脂、油类、脂类的溶剂，是现代化工合成的重要原料。从事氯苯生产或使用氯苯的企业，由于操作和管理失误，均可构成氯苯的污染，其极强的挥发特性，很容易危害到人们的健康。尤其对人的中枢神经系统有抑制和麻醉作用；对皮肤和黏膜有刺激性，急性中毒可引起麻醉症状，甚至昏迷；慢性中毒会有眼痛、流泪、结膜充血现象；早期有头痛、失眠、记忆力减退等神经衰弱症状；重者会引起中毒性肝炎，个别可发生肾脏损害，其对人类健康和环境安全的威胁，不容小觑。

对于环境样品中的氯苯，对样品进行适当预处理后，可采用气相色谱进行检测。但对于复杂基体的样品，背景干扰较大。质谱检测器(MS)由于能提供分子结构信息，且具有多种检测模式，对物质的选择性及定性能力较普通的检测器更强。近年来，气相色谱-质谱(GC-MS)仪器用于复杂样品中痕量有机污染物的分析逐渐增多。

一、实验目的

(1) 学习超声波提取氯苯的方法并掌握相关实验技术；
(2) 掌握氯苯标准溶液的配制方法；
(3) 掌握外标法测定氯苯含量的实验步骤及结果计算方法。

二、实验原理

采用超声波萃取法对样品中的氯苯类污染物进行提取。本实验选用正己烷为萃取剂，对不同超声波萃取条件下氯苯的萃取率进行考察，并用气相色谱仪分离和测定，以保留时间定性，外标法定量。

三、仪器与试剂

1. 仪器

（1）气相色谱仪，配以 FID 检测器；

（2）超声波清洗器；

（3）旋转真空浓缩仪；

（4）带电热恒温的氮吹浓缩仪；

（5）电子分析天平；

（6）电热鼓风干燥箱。

2. 试剂

（1）甲醇、正己烷、石油醚均为色谱纯；

（2）无水硫酸钠（AR）：300℃烘烤 4h，放入干燥器中，冷却至室温，装入玻璃瓶中备用。

（3）佛罗里硅藻土小柱（Florisil）：350℃下烘烤 13h；

（4）一氯苯、1,2-二氯苯、1,3-二氯苯、1,4-二氯苯：分析纯；

（5）铝箔。

四、实验内容

1. 设置仪器工作参数

（1）毛细管柱 DB-5，30m×0.25 mm×0.25μm，或同等极性的色谱柱。

（2）氮气 1.0mL/min；空气流量为 400min/mL；氢气流量为 40min/mL；尾吹气流量为 30min/mL。

（3）分流进样，分流比 10:1。

（4）汽化室 250℃，检测器 250℃，柱温 130℃，保持 10min。

2. 标准贮备液的配制

准确称取 0.1000g 一氯苯和二氯苯，用甲醇稀释至 100mL，此溶液浓度为 1000mg/L，放入冰箱冷冻室保存。

3. 标准溶液的配制

取浓度为 1000mg/L 标准中间液 0.25mL、0.50mL、1.50mL、2.50mL，分别放入 4 个 50mL 容量瓶中，用甲醇稀释至刻度，此标准溶液浓度分别为 5mg/L、10mg/L、30mg/L 和 50mg/L。

4. 标准曲线绘制

用微量注射器分别取各个浓度标准溶液，各进样 1.0μL，测定保留时间和峰面积。每种浓度测定 3 次，以对氯苯含量对峰面积作图，绘制标准曲线。

5. 样品前处理

（1）取样

采样前，采用网格布点法记录下每个点位的坐标位置。到达现场后用 GPS 定位仪精确定位采样地点，依照土壤样品采集规范进行采集。将土壤样品装入依次用纯水、甲醇冲洗过的棕色具塞广口玻璃瓶内，用布袋装好玻璃瓶，带回实验室。

用分析天平从土壤样品中分别称取约 2~5g 的湿土壤，装入干净烧杯中，记录读数，放入电热鼓风干燥箱中 105℃烘干，每隔 1h 取出称量，直至恒重即可。

（2）加标准土壤样品萃取

分别从每个棕色瓶中称量 5g 左右的湿土壤，记录克数后，加入 25.0g 无水硫酸钠，搅拌均匀后置于玛瑙研钵中慢慢研磨，若研磨过程中还有小块土壤出现，需要继续加入适量的无水硫酸钠，研磨直至土壤和无水硫酸钠混合体呈干细状，加入氯苯标准贮备液 100μL，转移至 200mL 烧杯。

条件一：向烧杯中后加入 50mL 正己烷溶液，并在烧杯口密封一层铝箔，以防止萃取液的损失，超声波萃取前先用溶剂浸润 8h，之后设置超声清洗仪参数。时间 10min，温度 35℃，25W 功率，萃取 2 次。待萃取液降至室温后转移有机相，最后用正己烷溶液润洗样品和烧杯壁。

条件二：向烧杯中后加入 50mL 正己烷溶液，并在烧杯口密封一层铝箔，以防止萃取液的损失，超声波萃取前先用溶剂浸润 8h，之后设置超声清洗仪参数。时间 20min，温度 35℃，25W 功率，萃取 2 次。待萃取液降至室温后转移有机相，最后用正己烷溶液润洗样品和烧杯壁。

条件三：向烧杯中后加入 50mL 正己烷溶液，并在烧杯口密封一层铝箔，以防止萃取液的损失，超声波萃取前先用溶剂浸润 8h，之后设置超声清洗仪参数。时间 20min，温度 45℃，25W 功率，萃取 2 次。待萃取液降至室温后转移有机相，最后用正己烷溶液润洗样品和烧杯壁。

（3）样品的萃取

根据步骤(2)加标准土壤样品萃取的结果，选择样品的超声萃取条件，对样品进行萃取。

（4）样品的净化

使用旋转真空浓缩仪将有机相浓缩至 5mL 以下，会发现萃取液呈现不同的颜色，这主要是土壤中有机腐殖质引起的，因此需要进一步净化。以商品化的佛罗里硅藻土小柱（Florisil）为净化工具，首先需要填充约 3cm 厚的无水硫酸钠层，形成一个具有 3cm 佛罗里硅藻、3cm 无水硫酸钠层的复合层析柱，依次用 5mL 甲醇、5mL 正己烷活化小柱，待正己烷液面未降入无水硫酸钠层以下时，快速加入萃取液并用氮吹管开始收集，最后必须用 5mL 正己烷淋洗小柱，一并收集至氮吹管中。

（5）样品的浓缩

将氮吹管转移至氮吹浓缩仪中，设置恒温 45℃，调整合适的氮气流速，保证正己烷液面没有液体溅出。浓缩、定容至 1.0mL，供气相色谱仪测定。

6. 样品测定

取处理后待测样品，进样 1.0μL。保留时间定性，以峰面积定量。

7. 原始记录

超声萃取条件考察结果填入表 37-1。标样以及样品测定结果填入表 37-2。

表 37-1　超声萃取条件考察结果

超声条件	时间 10min，温度 35℃		时间 20min，温度 35℃		时间 20min，温度 45℃	
	保留时间	峰面积	保留时间	峰面积	保留时间	峰面积
一氯苯						
1,2-二氯苯						
1,3-二氯苯						
1,4-二氯苯						

表 37-2 标样与样品测定结果

标样浓度/(mg/L)	5.0	10	30	50	样品
一氯苯					
1,2-二氯苯					
1,3-二氯苯					
1,4-二氯苯					

五、数据处理

1. 标准曲线的绘制

标样峰面积填入表 37-3。以标样浓度为自变量、峰面积为因变量，通过线性回归或绘图得标准曲线。

表 37-3 标准曲线的绘制

标样浓度/[mg/L(μg/mL)]	5.0	10	30	50	保留时间
一氯苯峰面积均值					
1,2-二氯苯峰面积均值					
1,3-二氯苯峰面积均值					
1,4-二氯苯峰面积均值					

2. 样品测定结果

用保留时间定性、峰面积定量。

（1）土壤水分测定

$$w = \frac{A - c}{A} \times 100\%$$

式中 A——称取湿土壤的质量，g；

c——105℃烘干直至恒重的质量，g；

w——土壤水分含量，%。

（2）土壤氯苯含量计算

$$氯苯(mg/kg) = \frac{mV}{A(1 - w)}$$

式中 m——样品色谱进样后测定的浓度，μg/mL；

V——样品处理后，甲醇定容体积，mL。

3. 写出实验报告

六、思考题

（1）简述超声萃取氯苯的注意事项。

（2）使用氮吹浓缩仪要注意哪些问题?

实验 38 污泥中铜含量的测定

城市污泥是采用活性污泥法处理污水过程中分离出来的固体。污泥含有大量的有机质和氮、磷、钾等养分，所以经常被用作肥料和土壤调节剂。但是，污泥中也含有不少有害物质，特别是当污泥中重金属物质含量超过一定指标时，将会造成二次污染，在《农用污泥中污染物控制标准》中严格规定了重金属物质的含量。

铜的测定方法很多，常用的方法有：原子吸收分光光度法、二乙氨基二硫代甲酸钠萃取光度法、新亚铜萃取光度法、阳极溶出伏安法或示波极谱法。

本实验采用原子火焰吸收光谱法。该方法实际上是一种相对而不是绝对的方法，定量结果只能由与标准溶液或标准物质相比较而得到，在原子吸收光谱分析法中有两种基本定量方法：标准曲线法和标准加入法。本实验采用标准曲线法，即配制合适浓度的标准系列溶液，由低浓度到高浓度测定其吸光度 A，由测定结果绘制 A-c 曲线，再在相同条件下，测定样品溶液的吸光度。从标准曲线中查出待测样品中铜元素的浓度，从而计算出样品中铜的含量。

测定污泥中重金属铜的前处理方法，消化方法与消化程度对测定的准确性、重复性影响较大。常用的消化方法有：王水 + $HClO_4$ 消化法、HNO_3 + $HClO_4$ + HF 常压消化法、HNO_3 + $HClO_4$ + HF 密闭容器压力消化法等。本实验采用 HNO_3 + H_2O_2 + HF 混合消解体系微波消解。

微波消解作为环境样品前处理技术，不仅具有简便快速、试剂用量少、回收率高、处理批量大、萃取效率高、省时等优点，而且分析人员劳动强度小，实现了实验室环境保护和自动化控制，在环境分析中具有非常良好的应用前景。

影响微波消解的效率有微波温度、微波功率及时间等因素。

一、实验目的

(1) 掌握原子吸收分光光度法的原理；
(2) 学习污泥样品的处理方法并掌握相关实验技术；
(3) 掌握样品的消解方法，掌握原子吸收分光光度计的使用方法。

二、实验原理

使用微波消解仪将污泥样品在 HNO_3 + H_2O_2 + HF 体系下微波消解，消解后的样品定容后，将试样溶液喷入空气 - 乙炔火焰中，铜的化合物即可原子化，于波长 324.8nm 处进行测量。

在一定条件下，特征谱线光强的变化与试样中铜元素的浓度成正比，即：

$$A = Kc$$

式中　　A——吸光度；

　　　　K——常数；

　　　　c——溶液中铜离子浓度。

根据标准曲线，就可以求出待测溶液铜离子的浓度。

三、仪器与试剂

1. 仪器

(1) 原子吸收分光光度计；
(2) 铜元素空心阴极灯；
(3) 乙炔钢瓶；
(4) 空气压缩机；
(5) 微波消解仪。

2. 试剂

(1) 铜基体改进剂：50g/L 硝酸镧溶液；

(2) 金属铜；

(4) 硝酸；

(5) 过氧化氢：30%，分析纯。

四、实验内容

1. 样品制备

将采集的污泥样品（一般不少于500g）混匀后用四分法缩分至约100g。缩分后的泥样经风干（自然风干冷冻干燥）后，除去泥样中石子和动植物残体等异物，用木棒（或玛瑙棒）研压，通过2mm尼龙筛（除去2mm以上的砂砾），混匀。用玛瑙研钵将通过2mm尼龙筛的泥样研磨至全部通过150目尼龙筛，混匀后备用。

准确称取污泥样品0.2000~0.4000g，置于微波消解罐中，加入硝酸5mL、氢氟酸2mL、过氧化氢1mL，加盖密封，放入微波消解装置中，按表38-1工作条件消解，取出冷却至室温，转移至50mL聚四氟乙烯烧杯中。用少量水洗涤消解罐数次，并入烧杯，烧杯置于电热板上加热赶酸，待样品蒸干后，取下烧杯，加少量1.5moL/L硝酸，在电热板上温热溶解残渣，转入25mL容量瓶，加相应基体改进剂1mL，定容进行测定。同时做空白试验。

表38-1 微波消解工作条件

步骤	时间/min	功率/W	温度/℃
1	7	250	180
2	7	400	200
3	7	650	220
4	7	250	220

2. 设置仪器工作参数

按照仪器操作规程打开仪器，设置光源、灯电流、测定波长、狭缝宽度等仪器工作参数。

3. 标准曲线的绘制

（1）铜标准储备液的配制

准确称取0.1000g金属铜溶于15mL（1+1）硝酸中，转移至100mL容量瓶中，用去离子水稀释至刻度，此溶液含铜量为1.00mg/mL。

（2）铜标准使用液的配制

准确吸取10.00mL上述铜标准贮备液于100mL容量瓶中，用0.5%的硝酸镧加至刻度，摇匀。此铜标准溶液浓度为0.100mg/mL。

（3）铜标准系列的配制

取6个50mL容量瓶，依次加入0.0、0.50、1.00、1.50、2.00、2.50mL浓度为0.100mg/mL的铜标准液，用0.5%的硝酸镧加至刻度，摇匀。

（4）铜标准系列的测定

在选定的操作条件下，以空白实验为参比调零，测定各标准溶液的吸光度，计算标准曲线$A=bc+a$和相关系数。

4. 样品中铜的测定

将处理好的样品在选定的操作条件下，以空白实验为参比调零，测定其吸光度，再由标准曲线计算出所对应铜的含量，并计算样品中铜的含量。

测定结束后，先吸喷去离子水，清洁燃烧器，然后关闭仪器。关仪器时，必须先关闭乙炔，再关电源，最后关闭空气。

五、数据处理

1. 记录实验条件

实验条件见表38-1。

表38-1　仪器操作条件

1	仪器型号		6	燃烧器高度/mm	
2	光源	铜空心阴极灯	7	乙炔流量/(L/min)	
3	吸收线波长/nm		8	空气流量/(L/min)	
4	灯电流/mA		9	燃助比(乙炔∶空气)	
5	狭缝宽度/mm				

2. 标准曲线的绘制

将铜标准溶液系列的吸光度值记录于表38-2，然后以吸光度为纵坐标，质量浓度为横坐标绘制标准曲线，并计算回归方程和标准偏差(或相关系数)。

表38-2　标准溶液测定结果(终体积50mL、$Cu^{2+}=100\mu g/mL$)

铜标液加入量/mL	0.00	0.50	1.00	1.50	2.00	2.50
铜浓度/(μg/mL)	0.00	1.0	2.0	3.0	4.0	5.0
吸光度值 A						

3. 样品测定结果

污泥中总铜含量的计算公式为

$$w = \frac{c \times V}{m}$$

式中　w——样品中总铜含量，mg/kg；

　　　c——在校准曲线上查得总铜的浓度，mg/L；

　　　V——试样定容的体积，mL；

　　　m——称取试样的质量，g。

曲线拟合的回归方程为

$$A = bc + a$$

式中　A——样品的校正吸光度；

　　　c——样品的含铜量，μg/mL；

　　　b——回归方程的斜率；

　　　a——回归方程的截距。

4. 写出实验报告

六、思考题

(1) 分析测定污泥中铜含量的误差来源可能有哪些？

(2) 如果不用微波消解法处理样品还有其他方法吗？应如何操作？

实验 39　土壤中对羟基苯甲醛的测定

对羟基苯甲醛(HOC_6H_4CHO)，无色结晶粉末，在空气中易升华，易溶于乙醇、乙醚、丙酮、乙酸乙酯，稍溶于水（在30.5℃水中溶解度为1.388g/100mL），溶于苯（在65℃苯中溶解度为3.68g/mL），有芳香气味，对眼睛、呼吸系统和皮肤有刺激。

对羟基苯甲醛是一种重要的合成医药、香料、液晶材料的中间体，因其分子中含有羟基和醛基2个官能团，化学性质十分活泼，作为中间体可以延伸合成多种化工医药等产品，广泛用于医药、香料、农药、石油化工、电镀、液晶、感光高分子材料等领域。

对羟基苯甲醛作为广泛使用的化工原料，在使用生产过程中有可能进入土壤而造成土壤的污染。由于土壤成分复杂，要对对羟基苯甲醛进行测定，首先要对样品进行前处理。

复杂样品的前处理，常常是现代分析方法的薄弱环节，在以往的数年中，人们做了多种尝试以期找到一种高效、快捷的方法以取代传统的萃取法，例如，自动索氏萃取、微波消解、超声萃取和超临界萃取等。值得注意的是，以上各法无论是自动索氏萃取，还是超临界流体萃取等，都有一个共同点，即与温度有关。在萃取过程中，通过适当提高温度，可以获得较好的结果。例如，在自动索氏萃取中，由于萃取时是将样品浸入沸腾的溶剂之中，因此，其萃取速度和效率较常规索氏萃取法快且溶剂用量少。超临界流体萃取可通过提高萃取时的温度使其回收率得到改善。而微波萃取则是利用一种压力容器，将溶剂加热到其沸点之上，来提高其萃取的效率。

快速溶剂萃取技术是近年来发展起来的一种在高温（室温~200℃）、高压（大气压~20MPa）条件下快速提取固体或半固体样品的样品前处理方法，与常用的索氏提取、超声提取、微波萃取技术等方法相比，可大大缩短萃取时间，提高萃取效率，减少萃取溶剂用量，显著降低了单个样品的提取费用，具有节省溶剂、快速、健康环保、自动化程度高等优点。

土壤样品测定时，其样品预处理常采用机械振荡萃取、超声提取、微波萃取，这些方法操作繁琐，耗费溶剂多，危害研究人员健康。加速溶剂萃取法（ASE）是一种在提高温度（50~200℃）和压力（1000~3000psi 或10.3~20.6MPa，注：1psi≈0.006895MPa）的条件下，用有机溶剂萃取固体或半固体样品的前处理方法，它大大减少了溶剂的用量，萃取速度快，回收率高，目前已被美国EPA收录为处理固体样品的标准方法之一。

加速溶剂萃取仪中由溶剂瓶、泵、气路、加温炉、不锈钢萃取池和收集瓶等构成。其工作程序如下：第一步是手工将样品装入萃取池，放到圆盘式传送装置上，以下步骤将完全自动按顺序先后进行：圆盘传送装置将萃取池送入加热炉腔并与相对编号的收集瓶联接，泵将溶剂输送到萃取池，萃取池在加热炉被加温和加压后，在设定的温度和压力下静态萃取，多步小量向萃取池加入清洗溶剂，萃取液自动经过滤膜进入收集瓶，用氮气吹洗萃取池和管道，萃取液全部进入收集瓶待分析。全过程仅需13~17min。溶剂瓶由4个组成，每个瓶可装入不同的溶剂，可选用不同溶剂先后萃取相同的样品，也可用同一溶剂萃取不同的样品。可同时装入24个萃取池和26个收集瓶。ASE200型萃取仪，其萃取池的体积可从11mL到33mL。ASE300型萃取仪的萃取池体积可选用33mL、66mL和100mL。

加速溶剂萃取法与索氏提取、超声、微波、超临界和经典的分液漏斗振摇等公认的成熟方法相比，加速溶剂萃取的突出优点如下：有机溶剂用量少，10g样品一般仅需15mL溶剂；快速，完成一次萃取全过程的时间一般仅需15min；基体影响小，对不同基体可用相同的萃取条件；萃取效率高，选择性好，已进入美国 EPA 标准方法，标准方法编号 3545；现能成熟的用溶剂萃取的方法都可用加速溶剂萃取法做，且使用方便、安全性好、自动化程度高。

尽管加速溶剂萃取是近年才发展的新技术，但由于其突出的优点，已受到分析化学界的极大关注。加速溶剂萃取已在环境、药物、食品和聚合物工业等领域得到广泛应用。特别是环境分析中，已广泛用于土壤、污泥、沉积物、大气颗粒物、粉尘、动植物组织、蔬菜和水果等样品中的多氯联苯、多环芳烃、有机磷（或氯）、农药、苯氧基除草剂、三嗪除草剂、柴油、总石油烃、二噁英、呋喃、炸药（TNT、RDX、HMX）等的萃取。

一、实验目的

（1）学习加速溶剂萃取仪提取羟基苯甲醛的方法并掌握相关实验技术；
（2）掌握对羟基苯甲醛标准溶液的配制方法；
（3）掌握外标法测定对羟基苯甲醛含量的实验步骤及结果计算方法。

二、实验原理

采用加速溶剂萃取法，用乙醇作为溶剂萃取土壤中的对羟基苯甲醛，经氟罗里硅土净化后的溶液定容后，样品用反相液相色谱柱 C_{18} 进行分离，用紫外检测器进行检测，配制对羟基苯甲醛标准系列溶液，测定峰面积并绘制工作曲线，再根据样品中的对羟基苯甲醛峰面积，由工作曲线算出其浓度。

三、仪器与试剂

1. 仪器
（1）高效液相色谱仪，紫外检测器；
（2）微量注射器；
（3）C_{18} 柱：250mm×4.6 mm，5μm；
（4）超声波脱气机；
（5）加速溶剂提取仪：美国 DIONEX ASE-200 或同等类型仪器，配 34mL 萃取池；
（6）自动浓缩仪：冷却至室温，备用。
2. 试剂
（1）甲醇：色谱纯；
（2）乙醇：色谱纯；
（3）氟罗里硅土（Flofisil）：农残级 80~100 目，在 450℃的马弗炉中灼烧 4h，然后放入干燥器中。
（4）对羟基苯甲醛标准品：纯度大于 99.5%。

四、实验内容

1. 样品前处理
（1）取样
样品称重 5.0g 各两份，一份做含水率实验，一份加氟罗里硅土 6~10g 搅拌混匀。
（2）萃取
装填萃取池：萃取池底部加 5g 氟罗里硅土，然后加入样品与氟罗里硅土混匀物，再加入氟罗里硅土填满萃取池，密封。萃取溶剂为乙醇溶剂，萃取温度 50℃，预热时间 5min，静态提取时间 8min，压力 10MPa，循环两次，用溶剂快速冲洗样品 90s，氮气吹扫收集全部提取液。氮吹浓缩定容至 1.0mL，待测定。

（3）净化方法的选择

大多数农药残留样品经萃取后，须把杂质如色素和脂类分离除去，然后测定农药残留量。本试验将萃取和净化结合为一步，将吸附剂氟罗里硅土与土壤合在一起萃取，并在萃取池底部加 5g 氟罗里硅土，起到净化目的。据文献报道：做未加吸附剂对比回收率试验，结果加吸附剂处理的提取溶液颜色较浅，杂质峰有降低，回收率未见下降。因此，采用本方法可将干扰物质吸附于氟罗里硅土中，达到净化的目的，既减少了有机溶剂的消耗，又避免了回收率下降。

2. 设置仪器工作参数

（1）色谱柱 Cosmosil C_{18} 柱 250mm×4.6 mm，5μm；

（2）柱温：25℃；

（3）流动相：甲醇+水＝80+20；

（4）流动相流速：1.0mL/min；

（5）检测波长：284nm；

（6）进样量：20μL。

3. 标准贮备液和中间液的配制

准确称取 0.1000g 对羟基苯甲醛，用甲醇稀释至 100mL，此溶液浓度为 1000mg/L，放入冰箱冷冻室保存。

取对羟基苯甲醛标准贮备液 5.00mL，用甲醇稀释至 50mL，此溶液浓度为 100mg/L。

4. 标准溶液的配制

取浓度为 100mg/L 标准中间液 0.25mL、0.50mL、1.50mL、2.50mL，分别放入 4 个 50mL 容量瓶中，用甲醇稀释至刻度，此标准溶液浓度分别为 0.5mg/L、1.0mg/L、3.0mg/L 和 5.0mg/L。

将上述标准溶液通过 0.45μm 微孔滤膜过滤后，超声排气。

5. 标准曲线绘制与样品测定

用微量注射器分别取各个浓度标准溶液，各进样 20μL，测定保留时间和峰面积。每种浓度测定 3 次，配制对羟基苯甲醛标准系列溶液，测定峰面积并绘制工作曲线。

取处理后待测样品，进样 20μL。保留时间定性，以峰面积定量。

6. 原始记录

标样和样品测定结果填入表 39-1。

表 39-1 标样与样品测定结果

标样浓度/（mg/L）	峰面积 A_1	峰面积 A_2	峰面积 A_3	保留时间 t_1	保留时间 t_2	保留时间 t_3
0.0						
0.5						
1.0						
3.0						
5.0						
样品						

五、数据处理

1. 标准曲线的绘制

用保留时间定性、峰面积定量。以标样浓度为自变量、峰面积为因变量，通过线性回归或绘图得标准曲线。标准曲线绘制相关参数填入表 39-2 中。

表 39-2　标准曲线的绘制

标样浓度/[mg/L(μg/mL)]	0.0	0.5	1.0	3.0	5.0
峰面积均值					

2. 样品测定结果

（1）土壤含水率测定

$$土壤含水率(\%) = \frac{A - c}{A} \times 100\%$$

式中　A——称取湿土壤的质量，g；

c——105℃烘干直至恒重的质量，g。

（2）土壤干重的计算

$$土壤干重(g) = A(1 - B)$$

式中　A——称取湿土壤的质量，g；

B——土壤含水率，%。

（3）土壤对羟基苯甲醛含量计算

$$c(mg/kg) = \frac{mV}{W}$$

式中　m——样品色谱进样后测定的浓度，μg/mL；

V——样品处理后，甲醇定容体积，mL；

W——土壤取样量(干重)，g。

3. 写出实验报告

根据实验结果写出实验报告。

六、思考题

（1）采用加速溶剂萃取仪比传统处理方法有哪些优点？

（2）在样品预处理过程中遇到了哪些困难？是如何解决的？

实验 40　农作物与土壤中多环芳烃的测定

多环芳烃(Polycyclic Aromatic Hydrocarbons, PAHs)是煤、石油、木材、烟草、有机高分子化合物等有机物不完全燃烧时产生的挥发性碳氢化合物，是重要的环境和食品污染物。迄今已发现有 200 多种 PAHs，其中有相当部分具有致癌性，如苯并(a)芘、苯并(a)蒽等。PAHs 广泛分布于环境中，可以在我们生活的每一个角落发现，任何有有机物加工、废弃、燃烧或使用的地方都有可能产生多环芳烃。

在自然界中这类化合物存在着生物降解、水解、光作用裂解等消除方式，使得环境中的

PAHs 含量始终有一个动态的平衡，从而保持在一个较低的浓度水平上，但是近些年来，随着人类生产活动的加剧，破坏了其在环境中的动态平衡，使环境中的 PAHs 大量的增加。

PAHs 人为源来自于工业工艺过程，缺氧燃烧，垃圾焚烧和填埋，食品制作，直接的交通排放和同时伴随的轮胎磨损、路面磨损产生的沥青颗粒以及道路扬尘中，其数量随着工业生产的发展大大增加，占环境中多环芳烃总量的绝大部分；溢油事件也成为 PAHs 人为源的一部分。因此，如何加快 PAHs 在环境中的消除速度，减少 PAHs 对环境的污染等问题，日益引起人们的注意。

多环芳烃大部分是无色或淡黄色的结晶，个别具深色，熔点及沸点较高，蒸气压很小，大多不溶于水，易溶于苯类芳香性溶剂中，微溶于其他有机溶剂中。由于其具有较高的辛醇-水分配系数，易于分配到环境中疏水性有机物中，因此在生物体脂类中易于富集浓缩，有较高的生物富集因子（BCF）。再生水中含有一定量的 PAHs，再生水灌溉会造成水体中的 PAHs 转移到土壤和植物中危及人体的健康。

一、实验目的

（1）初步了解 GC-MS 的使用方法；

（2）了解索氏提取的操作过程及实验原理；

（3）掌握土壤和农作物中多环芳烃的定性定量分析方法。

二、实验原理

索氏提取利用溶剂回流和虹吸原理，使固体物质每一次都能为纯的溶剂所萃取，所以萃取效率较高。萃取前应先将固体物质研磨细，以增加液体浸溶的面积。然后将固体物质放在滤纸套内，放置于萃取室中。当溶剂加热沸腾后，蒸气通过导气管上升，被冷凝为液体滴入提取器中。当液面超过虹吸管最高处时，即发生虹吸现象，溶液回流入烧瓶，因此可萃取出溶于溶剂的部分物质。就这样利用溶剂回流和虹吸作用，使固体中的可溶物富集到烧瓶内。提取液通过旋转蒸发仪和氮吹仪浓缩至 2mL。采用 GC-MS 对浓缩液进行定性定量分析。样品分析时采用 SIM 扫描模式，根据标样的特征峰和保留时间进行定性分析，根据基峰面积进行定量分析。

三、仪器与试剂

1. 仪器

GC（7890A）-MS（5975C），美国安捷伦公司；RE-52B 型旋转蒸发仪，上海亚荣生化仪器厂；KL512 型氮吹仪，北京康林科技有限公司；250mL 的索氏提取器，北京玻璃仪器厂；针头过滤器，上海安谱科技有限公司。

2. 试剂

（1）PAHs 标样、屈-D12、二萘嵌苯-D12：Sigama 公司。

（2）甲醇、丙酮、正己烷：色谱纯，美国 J. T. Baker 公司。

四、实验内容

1. 样品的干燥

（1）土样：样品取来后在-4℃下冷藏，冷冻至-20℃，并且在-20℃进行冷冻干燥。干燥后的样品用研钵研磨，过 50 目筛子。过筛后样品置于玻璃瓶中，保存在-20℃的环境下。

（2）植物样：在 65℃下，鼓风干燥 12h。干燥后的样品用研钵研磨，过 50 目筛子。过筛后样品置于玻璃瓶中，保存在-20℃的环境下。

2. 样品的索氏提取

测定土样时取 10g 干燥过的土样，加入一定量的替代物（0.1μg/g），搅拌后密闭过夜，用滤纸包好后放入索氏提取器进行处理，1:1（V/V）丙酮和甲醇的混合液 220mL 作为提取液。索氏提取 12h 后，把提取液用 50g 无水硫酸钠过滤脱水。

测定植物样时取样样品 2~5g，使用正己烷作为提取液，其余操作步骤同土样。

3. 样品的浓缩

脱水后的提取液用旋转蒸发仪和氮吹仪浓缩至 2mL 后经过 0.45μm 滤膜过滤后通过GC-MS 进行检测。

4. 样品的测定

（1）设定仪器的分析条件

HP-5MS 毛细管柱，30m×0.25 mm×0.25μm；

进样口温度 280℃，无分流进样；

GC 炉温采用程序升温，40℃保持 2min，5℃/min 升温至 290℃，保持 4min；

样品分析时采用 SIM 扫描模式，根据特征峰和保留时间进行定性分析，根据基峰面积进行定量分析。

（2）标样峰面积的测定

PAHs 的 GC-MS 检测时特征峰如表 40-1 所示。

表 40-1　PAHs 和替代物的特征峰

序号	化合物	基峰	特征峰 1	特征峰 2
1	萘	128	127	129
2	苊烯	152	151	150
3	苊	153	154	152
4	芴	166	165	163
5	菲	178	176	179
6	蒽	178	176	179
7	荧蒽	202	200	203
8	芘	202	200	203
9	苯并（a）蒽	228	226	229
10	䓛	228	226	229
11	苯并（b）荧蒽	252	250	253
12	苯并（k）荧蒽	252	250	253
13	苯并（a）芘	252	250	253
14	茚苯（1,2,3-cd）芘	276	277	274
15	二苯并（a，h）蒽	278	276	279
16	苯并（ghi）苝	276	277	274
17	䓛-d12	240	241	236
18	二奈嵌苯 d12	264	260	265

根据特征峰和出峰时间对目标物进行定性分析。实验数据处理时假定替代物和目标化合在索氏提取时有相同的回收率，根据替代物的峰面积和浓度计算目标化合物的浓度。标样基峰的峰面积填入表40-2。

表40-2 标样基峰的峰面积

序号	化合物	标样基峰面积	响应因子
1	萘		
2	苊烯		
3	苊		
4	芴		
5	菲		
6	蒽		
7	荧蒽		
8	芘		
9	苯并(a)蒽		
10	屈		
11	苯并(b)荧蒽		
12	苯并(k)荧蒽		
13	苯并(a)芘		
14	茚苯(1,2,3-cd)芘		
15	二苯并(a, h)蒽		
16	苯并(ghi)苝		
17	屈-d12		
18	二萘嵌苯 d12		

（3）实际样品的测定

实际样品的测定结果记录在表40-3。

表40-3 实际样品的测定

序号	化合物	样品基峰面积	样品浓度/(μg/kg)
1	萘		
2	苊烯		
3	苊		
4	芴		
5	菲		
6	蒽		
7	荧蒽		
8	芘		
9	苯并(a)蒽		
10	屈		
11	苯并(b)荧蒽		
12	苯并(k)荧蒽		

158

序号	化合物	样品基峰面积	样品浓度/(μg/kg)
13	苯并(a)芘		
14	茚苯(1,2,3-cd)芘		
15	二苯并(a,h)蒽		
16	苯并(ghi)苝		
17	屈-d12		
18	二萘嵌苯 d12		

五、数据处理

（1）根据标样和替代物基峰的峰面积计算相同浓度的响应因子。

（2）计算样品中 PAHs 的浓度。

六、思考题

（1）简述采用索氏法提取样品时，对于土壤和植物不同样品采用不同提取液的原因。

（2）请查阅相关标准，判断所测定土壤和植物中的 PAHs 是否超过国家标准。

实验 41　固体废弃物和土壤中总铬的测定

废弃物中重金属在土壤中过量沉积而引起的土壤污染。固态废弃物污染土壤的重金属主要包括汞、镉、铅、铬和类金属砷等生物毒性显著的元素，以及有一定毒性的锌、铜、镍等元素，主要来自农药、废水、污泥和大气沉降等。重金属污染物在土壤中移动性很小，不易被水淋滤，不被微生物降解，通过食物链进入人体后，潜在危害极大，应特别注意防止重金属对土壤的污染。因此，掌握重金属在土壤中残留量的测定方法，对于研究土壤重金属污染相关工作具有重要意义。

铬是自然界中普遍存在的重金属元素，也是人体和动物必需的微量元素之一。铬能影响碳水化合物、脂类和蛋白质的吸收与代谢。铬化合物的常见价态有三价铬和六价铬，且受水体 pH 值、温度、氧化还原物质、有机物等因素的影响，三价铬和六价铬的化合物可相互转化。铬的毒性与其存在价态有关，六价铬的毒性比较大，吸附在皮肤上或摄入体内时可能引起病变甚至癌变，大量摄入可致死亡。通常认为六价铬的毒性比三价铬的大 100 倍，六价铬具有强毒性，为致癌物质，并易被人体吸收而在体内蓄积。在水体中，铬通常以 CrO_4^{2-}、$HCr_2O_7^-$、$Cr_2O_7^{2-}$ 三种阴离子形式存在。

铬及其化合物(主要是六价铬化合物)被广泛应用于钢铁、冶炼、纺织、制药等行业中，如果其工业废水排放到农业土壤中，就会造成农业土壤中的铬污染，进而在植物中累积，食用这些铬含量过高的植物会对人类的健康产生巨大的威胁。《绿色食品 产地环境质量》(NY/T 391—2013)对土壤中铬含量有明确要求。

铬渣(含铬固体废物)已成为铬污染的重要环境问题，亟待有效解决。由于风化作用进入土壤中的铬，容易氧化成可溶性的复合阴离子，然后通过淋洗转移到地面水或地下水中。土壤中铬过多时，会抑制有机物质的硝化作用，并使铬在植物体内蓄积。

水中六价铬的含量是衡量水质的重要指标之一，生活饮用水水质限值为 0.05mg/L。测定铬的方法主要有二苯二肼碳酰分光光度法、原子吸收分光光度法、等离子体发射光谱法和硫酸亚铁铵滴定法。本实验采用火焰原子吸收光度法测定固体废弃物中铬的含量，具有快速、简便、准确性高、重现性好等优点。

一、实验目的

（1）掌握原子吸收分光光度法的原理。
（2）学习固体废弃物样品的处理方法并掌握相关实验技术。
（3）掌握固体样品的消解方法，掌握原子吸收分光光度计的使用方法。

二、实验原理

使样品中的铬完全溶解于酸性体系中，加入氯化铵作为基体改进剂，将试样喷入火焰，使铬在火焰中离解形成原子蒸气，由锐线光源（铬空心阴极灯）发射的特征谱线光辐射通过铬原子蒸气层时，铬元素的基态原子对特征谱线 357.9nm 产生选择性吸收。在一定条件下特征谱线光强的变化与试样中铬元素的浓度成正比，即：

$$A = Kc$$

式中　A——吸光度；

　　　K——常数；

　　　c——溶液中铬离子浓度。

根据标准曲线，就可以求出待测溶液中总铬的浓度。

三、仪器与试剂

1. 仪器
（1）原子吸收分光光度计；
（2）铬元素空心阴极灯；
（3）乙炔钢瓶；
（4）空气压缩机。
2. 试剂
（1）氢氟酸：优级纯；
（2）硫酸：优级纯；
（3）硝酸：优级纯；
（4）过氧化氢：30%，分析纯；
（5）浓盐酸：37%；
（6）10%氯化铵水溶液：称取氯化铵固体 10g，加水稀释至 100mL。

四、实验内容

1. 样品制备
采集固体废弃物样品，将其装入玻璃瓶，样品到达实验室之后进行风干处理。风干后的样品，用玻璃棒碾碎后，过 2mm 网筛，除去 2mm 以上的沙砾和植物残体。按四分法缩分，留下足够分析的样品，再进一步用玻璃研钵磨细，全部通过 60 目筛。过筛的样品，充分摇匀，装瓶备用。
准确称取经缩分处理后的固体样品 0.2000～0.5000g，置于聚四氟乙烯坩埚中，用少量水润湿，滴加(1+1)H_2SO_4溶液 1mL，浓 HNO_3 溶液 5mL。待剧烈反应停止后，加盖，移至电热板上加热分解。取下稍冷，用塑料量杯加入 5mL 氢氟酸，继续加热蒸至冒浓厚 SO_3 白烟。取下坩埚，稍冷，加少量水冲洗坩埚内壁，再加热蒸至近干，以驱除残余的 HF。取下坩埚稍冷，加浓盐酸 1mL，加热溶解可溶盐类，定量移入 25mL 容量瓶中，加 10%NH_4Cl 溶液 1mL，加水至标线，摇匀备测。

按相同步骤制备一份全程序试剂空白。

2. 设置仪器工作参数

按照仪器操作规程打开仪器，设置光源、灯电流、测定波长、狭缝宽度等仪器工作参数。

3. 标准曲线的绘制

（1）铬标准贮备液(1.000mg/mL)：准确称取基准重铬酸钾 0.2829g，溶解于少量水中，移入 100mL 容量瓶中，加入浓盐酸 5mL，加水至刻度，摇匀。

（2）铬标准使用液(50.00μg/mL)：准确移取铬标准贮备液 5.00mL 于 100mL 容量瓶中，加入浓盐酸 5mL，加水稀释至标线，摇匀。

（3）标准系列：分别移取铬标准使用液 0.00、0.50mL、2.00mL、4.00mL、6.00mL、8.00mL 于 50mL 容量瓶中，分别加入 10%NH_4Cl 溶液 2mL，浓盐酸溶液 2mL，加水至标线，摇匀，其铬的含量为 0.000、0.50mg/L、2.00mg/L、4.00mg/L、6.00mg/L、8.00mg/L。以经过空白校正的各测量值为纵坐标，以相应标准溶液的铬浓度(mg/L)为横坐标，绘制出校准曲线。

4. 样品中铬的测定

将处理好的样品在选定的操作条件下，以空白实验为参比调零，测定其吸光度，再由标准曲线算出样品溶液中铬的含量，并计算固体废弃物中铬的含量。

五、数据处理

1. 记录实验条件

仪器操作条件见表 41-1。

表 41-1 仪器操作条件

仪器型号		燃烧器高度/mm	
光源	铬空心阴极灯	乙炔流量/(L/min)	
吸收线波长/nm	357.9	空气流量/(L/min)	
灯电流/mA		燃助比(乙炔:空气)	
狭缝宽度/mm			

2. 标准曲线的绘制

将铬标准溶液系列的吸光度值记录于表 41-2，然后以吸光度为纵坐标，质量浓度为横坐标绘制标准曲线，并计算回归方程 $y = bx + a$ 和标准偏差(或相关系数)。

表 41-2 标准溶液测定结果(终体积 50mL、$Cr^{6+}=50μg/mL$)

Cr 标液加入量/mL	0.0	0.50	2.00	4.00	6.00	8.00
Cr 浓度/(μg/mL)	0.0	0.50	2.00	4.00	6.00	8.00
吸光度值 A						

3. 样品测定结果

污泥中总铬含量的计算：

$$铬(mg/kg) = \frac{cV}{W}$$

式中　c——由校准曲线计算得到总铬的浓度，$\mu g/mL$；

　　V——试样定容的体积，mL；

　　W——称取试样的质量(干重)，g。

4. 写出实验报告

六、思考题

(1) 火焰原子吸收光度法火焰的类型有那几种？各有什么特点？

(2) 铬测定时使用何种性质的火焰？

(3) 实验中加入 NH_4Cl 的目的是什么？

实验 42　土壤中敌草隆残留的测定

敌草隆属取代脲类除草剂，为光合作用抑制剂，可由植物根部或叶片吸收，能有效防治双子叶、禾本科和莎草科等杂草。该品用于防除非耕作区一般杂草，防杂草重新蔓延。该品也用于芦笋、柑橘、棉花、凤梨、甘蔗、温带树木和灌木水果的除草。

除草剂是近年来使用量增长最大的农药制剂，成为世界上用量最大的一类有机农药制剂。由于除草剂使用不当造成的药害以及部分除草剂的长残留性对人类生活环境的负面影响日益突出。由于大多数除草剂具有慢性毒性，短期内难以确定其危害，因而对环境的破坏往往被人们忽视。但这些除草剂在土壤、水中残留效期过长(有的可达 2~3 年)，不仅对后茬敏感作物造成药害，而且有报道它们具有致癌性。有关国家已经制定了他们的最大残留限量。美国环境保护署(Environmental Protection Agency，简称 EPA)和美国食品暨药物管理局(Food and Drug Administration，简称 FDA)已经制定专门的除草剂的监控计划，欧盟及法国已经将三氮苯类除草剂列为禁用除草剂。随着国内外对化学合成除草剂的使用和其危害性认识的逐步深入，与杀虫剂、杀菌剂的使用相比，除草剂的使用要求更高更严，稍有不慎或疏忽，都会酿成巨大的经济损失和造成难以挽回的社会影响和人身健康危害。由于个别除草剂的长残留性和较高的水溶解性，除草剂残留不仅在饮用水里存在，由于植物根部的吸收富集作用和水生物通过食物链与生物浓集作用，在水生动物和其他食草类动物机体内也存在。EPA 和 FDA 已经提出了除草剂的专门监控计划，制定了除草剂的残留限量。由于对于除草剂的危害性近年来才逐渐认识到，所以很多种除草剂检测技术仅处于发展时期。

除草剂的检测方法有许多种，国内外的文献报道有分光光度法、薄层色谱法、气相色谱法、液相色谱法等方法。

敌草隆为无色结晶固体，分子式为 $Cl_2C_6H_3NHCO(CH_3)_2$，熔点 158~159℃，易溶于热酒精，27℃时在丙酮中溶解度为 5.3%，稍溶于醋酸乙酯、乙醇和热苯。不溶于水，在水中的溶解度25℃时为 42mg/L。在烃类中溶解度低。对氧化和水解稳定。目前对敌草隆的分析方法主要采用液相色谱法和液质联用法。

一、实验目的

（1）学习敌草隆提取方法并掌握相关实验技术；

（2）掌握敌草隆标准溶液的配制方法；

（3）掌握外标法测定敌草隆含量的实验步骤及结果计算方法。

二、实验原理

采用甲醇溶液振荡提取土壤中残留的敌草隆，提取液用三氯甲烷萃取，萃取液浓缩转换成石油醚相溶液，用中性氧化铝对石油醚溶液进行净化，净化后的溶液减压浓缩后用甲醇溶液定容。定容后样品用反相液相色谱柱 C_{18} 进行分离，以紫外检测器进行检测，以敌草隆标准系列溶液的色谱峰面积对其浓度做工作曲线，再根据样品中的敌草隆峰面积，由工作曲线算出其浓度。

三、仪器与试剂

1. 仪器

（1）高效液相色谱仪，紫外检测器；

（2）微量注射器；

（3）C_{18} 柱：250mm×4.6mm，5μm；

（4）超声波脱气机；

（5）振荡机；

（6）离心机；

（7）旋转真空蒸发器；

（8）层析柱：150mm×10mm。

2. 试剂

（1）甲醇：色谱纯；

（2）石油醚：分析纯；

（3）乙酸乙酯：分析纯；

（4）三氯甲烷：分析纯；

（5）磷酸：分析纯；

（6）无水硫酸钠：分析纯；

（7）中性氧化铝：600℃下活化2h后，加5%水进行脱活；

（8）敌草隆标准品：纯度大于99.5%。

四、实验内容

1. 土壤中敌草隆的提取

称取土样20.0g，置于具塞锥形瓶中，加入50mL甲醇，在振荡器振荡提取30min，滤液置于500mL分液漏斗中，加入200mL 5%Na$_2$SO$_4$溶液，用三氯甲烷40mL、30mL、30mL萃取3次，经无水硫酸钠脱水，合并萃取液，在40℃水浴下减压浓缩近干，氮气吹干，加入石油醚3mL溶解，待净化。

2. 样品净化

在层析柱内依次加入 1cm 无水硫酸钠、5g 中性氧化铝、1cm 无水硫酸钠，用 20mL 石油醚预淋柱子。加样后，用石油醚+乙酸乙酯=85+15 的混合液淋洗，弃去前 10mL 洗脱液，再用 50mL 淋洗液洗脱敌草隆，并收集于 100mL 梨型瓶中，在 35℃下减压浓缩近干，吹干后用甲醇定容，供液相色谱测定。

3. 设置仪器工作参数

（1）色谱柱 C_{18} 柱：250mm×4.6 mm，5μm；

（2）柱温：室温；

（3）流动相：甲醇+水=75+15，加入 0.2%磷酸；

（4）流动相流速：1.0mL/min；

（5）检测波长：254nm；

（6）进样量：20μL。

4. 标准贮备液和中间液的配制

准确称取 0.1000g 敌草隆，用甲醇稀释至 100mL，此溶液浓度为 1000mg/L，放入冰箱冷冻室保存。

取敌草隆标准贮备液 5.00mL，用甲醇稀释至 50mL，此溶液浓度为 100mg/L。

5. 标准溶液的配制

取浓度为 100mg/L 敌草隆标准中间液 0.50mL、1.50mL、2.50 mL、5.00mL，分别放入 4 个 50mL 容量瓶中，用甲醇稀释至刻度，此标准溶液浓度分别为 1.0mg/L、3.0mg/L、5.0mg/L 和 10.0mg/L。

将上述标准溶液通过 0.45μm 微孔滤膜过滤后，超声排气。

6. 标准曲线绘制与样品测定

用微量注射器分别取各个浓度标准溶液，各进样 20μL，测定保留时间和峰面积。以敌草隆含量对峰面积作图，绘制标准曲线。

取处理后待测样品，进样 20μL。保留时间定性，以峰面积定量。

7. 原始记录

标样和样品测定结果填入表 42-1。

表 42-1　标样与样品测定结果

标样浓度/（mg/L）	峰面积 A	保留时间 t
1.0		
3.0		
5.0		
10.0		
样品		

五、数据处理

1. 标准曲线的绘制

以标样浓度为横坐标、峰面积为纵坐标，线性回归得标准曲线 $y=ax+b$，并计算相关系数。标准曲线绘制相关参数见表 42-2。

164

表 42-2　标准曲线的绘制

标样浓度/[mg/L(μg/mL)]	0.0	1.0	3.0	5.0	10.0
峰面积					

2. 样品测定结果

用保留时间定性、峰面积定量。

土壤敌草隆含量计算：

$$c(\text{mg/kg}) = \frac{mV}{W}$$

式中　m——样品色谱进样后测定的浓度，μg/mL；

　　　V——样品处理后，甲醇定容体积，mL；

　　　W——土壤取样量，g。

3. 写出实验报告

六、思考题

(1) 在流动相中加入 0.2% 的磷酸有何意义？

(2) 样品净化减压浓缩过程中应该注意哪些问题？

(3) 液相色谱仪日常使用时应该如何维护？

实验 43　环境噪声监测

较强的噪声对人的生理与心理会产生不良影响。在日常工作和生活环境中，噪声主要造成听力损失，干扰谈话、思考、休息和睡眠。根据国际标准化组织(ISO)的调查，在噪声级 85dB 和 90dB 的环境中工作 30 年，耳聋的可能性分别为 8% 和 18%。在噪声级 70dB 的环境中，谈话就感到困难。对工厂周围居民的调查结果认为，干扰睡眠、休息的噪声级阈值，白天为 50dB，夜间为 45dB。

美国环境保护局(EPA)于 1975 年提出了保护健康和安宁的噪声标准。中国也提出了环境噪声容许范围：夜间(22 时至次日 6 时)噪声不得超过 30dB，白天(6 时至 22 时)不得超过 40dB。

环境噪声引起人们烦恼的原因是对交谈、思考、睡眠和休息的干扰。中国环境噪声标准中的特殊住宅区，指特别需要安静的住宅区，如休养区、高级宾馆区等；居民、文教区指纯居民区和文教、机关区域；一类混合区指一般商业和居民的混合区；二类混合区指工业、商业、少量交通和居民的混合区；商业中心区指商业集中的繁华区域；工业集中区指当地政府指定的工业区域；交通干线两侧指车流量每小时 100 辆以上的道路两侧。

噪声监测作为环境监测中的一个重要因素和环境保护行业中的一项不可或缺的工作，是每一位环境专业的学生在大学学习阶段的必修课。一方面，它作为环境学科中专业课的基础课，另一方面它又是培养学生业务素质与能力的课程。

对被测噪声源进行噪声监测，测量得到的等效声级或倍频带声压级。噪声测量值包含了被测噪声源排放的噪声和其他环境背景噪声。

从噪声测量值中扣除背景噪声的影响，得到被测噪声源的排放值，称为噪声测量值

165

修正。

声级计是一种按照一定的频率计权和时间计权测量声音的声压计和声级的仪器，把声信号转换成电信号时，可以模拟人耳对声波反应速度的时间特性；对高低频有不同灵敏度的频率特性以及不同响度时改变频率特性的强度特性，声级计是一种主观性的电子仪器。声压大小经传声器后转换成电压信号，此信号经前置放大器放大后，最后从显示仪上指示出声压级的分贝数值。

噪声测量的天气条件要求在无雨无雪的时间，声级计应保持传声器膜片清洁，风力在三级以上必须加风罩（以避免风噪声的干扰），五级以上大风应停止测量。

本实验使用的仪器为普通声级计，实验前需仔细阅读使用说明书。

手持仪器测量，传声器要求距离地面1.2m。

一、实验目的

（1）掌握用DN-10型声级计测定环境噪声的实验技术。
（2）学会分析监测区域的总体环境噪声水平、环境噪声污染的时间及空间分布规律。

二、实验原理

城市区域环境噪声普查方法适用于为了了解某一类区域或整个城市的总体环境噪声水平、环境噪声污染的时间与空间分布规律而进行的测量。采用网格测量法。

在标准规定的城市区域中，优化选取一个或多个能代表某一区域环境噪声平均水平的测点，进行24h连续监测。在规定的时间内，每次每个测点测量10min，将所测的数据按从大到小排列，求出L_{10}、L_{50}、L_{90}。再依据$d = L_{10} - L_{90}$，$L_{eq} = L_{50} + d^2/60$，$L_{NP} = L_{eq} + d$，求出d、L_{eq}、L_{NP}。

三、仪器

DN-10型声级计。

四、实验内容

将区域划分为25m×25m的网格，测量点选在每个网格的中心，若中心点的位置不宜测量，可移到旁边能够测量的位置。

（1）选取的位置要具有代表性，至少选取10个以上的测点。家属区（居民区）、校园超市（商业区）、学生宿舍、操场、教学区（文教区）、校园门口外道路（交通噪声），分为上课期间和下课期间，昼夜测量。

（2）依次到各网点测量，昼间8：00~22：00；夜间22：00~6：00（交通噪声应记录车流量和车型）。

（3）读数方式用慢档，每隔5s读一个瞬时A声级，连续读取100个数据。读数同时要判断和记录附近主要噪声来源（如交通噪声、施工噪声、锅炉噪声等）和天气条件。

（4）每个监测点读取100个数据，计算出L_{10}、L_{50}、L_{90}以及昼夜等效声级，同时计算得出区域环境噪声值以及区域周围交通噪声值。

五、数据记录

环境噪声测定填入表43-1，噪声测定结果汇总填入表43-2。

表 43-1　环境噪声测量记录

年 月 日 时 分　　至 时 分								
星期　　　　　测量人								
天气　　　　　仪　器								
地点 1#测点(具体地点)								
噪声源　　　　快慢挡								
取样间隔　　　采样总次数 100 次								

表 43-2　噪声测定结果汇总

测点名称	白天						夜间					
	L_{10}	L_{50}	L_{90}	d	L_{eq}	L_{NP}	L_{10}	L_{50}	L_{90}	d	L_{eq}	L_{NP}
1#												
2#												
3#												
4#												
5#												
6#												
7#												
8#												
9#												
10#												
11#												
12#												

六、数据处理

（1）对于每个测点，将所测的 100 个数据按从大到小排列，求出 L_{10}、L_{50}、L_{90}，再依据 $d = L_{10} - L_{90}$，$L_{eq} = L_{50} + d^2/60$，$L_{NP} = L_{eq} + d$，求出 d、L_{eq}、L_{NP}。

（2）作出监测区域整体噪声环境质量评价，如主要噪声源、噪声污染的时间和空间分布规律。

（3）作出监测区域的外围交通噪声环境质量评价。如主要噪声源、交通流量和主要车型及其时间分布规律。

（4）根据每个测点的等效连续噪声值 L_{eq} 与其执行的《声环境质量标准》（GB 3096—2008）的标准限值相比较，对其进行声环境现状分析。

（5）写出实验体会。

七、思考题

（1）进行环境噪声监测时，采样点的设置需要注意哪些问题？

（2）等效声级的意义是什么？

第六章 综合性研究型实验

实验 44　校园空气质量监测与评价

空气质量指数(Air Quality Index，简称 AQI)是定量描述空气质量状况的无量纲指数。

针对单项污染物的还规定了空气质量分指数。参与空气质量评价的主要污染物为细颗粒物、可吸入颗粒物、二氧化硫、二氧化氮、臭氧、一氧化碳六项。

根据《环境空气质量指数(AQI)技术规定(试行)》(HJ 633—2012)中规定，用空气质量指数(AQI)替代原有的空气污染指数(API)。

空气质量按照空气质量指数大小分为六级，相对应空气质量的六个类别，指数越大、级别越高说明污染的情况越严重，对人体的健康危害也就越大，从一级优，二级良，三级轻度污染，四级中度污染，直至五级重度污染，六级严重污染。

空气污染指数划分为 0~50、51~100、101~150、151~200、201~300 和大于 300 六档，对应于空气质量的六个级别，指数越大，级别越高，说明污染越严重，对人体健康的影响也越明显。

当 PM2.5 日均值浓度达到 $150\mu g/m^3$ 时，AQI 即达到 200；当 PM2.5 日均浓度达到 $250\mu g/m^3$ 时，AQI 即达 300；PM2.5 日均浓度达到 $500\mu g/m^3$ 时，对应的 AQI 指数达到 500。

根据《环境空气质量指数(AQI)技术规定(试行)》(HJ 633—2012)规定：

AQI 指数也只表征污染程度，并非具体污染物的浓度值。由于 AQI 评价的 6 种污染物浓度限值各有不同，在评价时各污染物都会根据不同的目标浓度限值折算成空气质量分指数 AQI。

对于环境空气的监测，首先要确定监测点位。监测点位的功能体现了监测目的，由于监测主要目标和内容的不同，环境空气质量监测点可分为不同的类型，不同功能的监测点具有不同空间代表尺度。根据监测点位功能的不同，将监测点分为：评价点、区域点、背景点、交通点、污染监控点、信息发布点。

评价点用以评价区域环境空气质量整体状况和变化趋势，不同空间尺度的评价点均应参加所在区域的空气质量平均水平的计算，并用以城市空气质量达标评价。

背景点设置在不受人为活动影响的清洁地区，反映国家尺度空气质量本底水平。

区域点是位于基本不受城市影响的郊区等区域的监测点，区域点能够反映一定区域范围内的空气质量本底水平，可用于区域空气质量评价，但不参与城市空气质量达标评价，位于传输通道上的区域点能够反映区域间污染物传输和迁移规律。

污染监控点是为控制污染源对周围地区的影响程度而布设的监测点，通常选择在污染物浓度最大的地点，用以研究污染物高浓度对人口暴露的影响。

由于不同污染物的扩散规律不同，对于各监测项目分别布设监测点。污染监控点不参加所在区域环境空气质量的评价。

交通点是为人们日常生活和活动场所中受到道路交通污染源排放影响而在道路两旁及其附近区域设立的监测点。交通点一般不参加所在区域环境空气质量评价。

信息发布点可以包含评价点、污染监控点、交通点等各类型监测点，也可根据需要专门布设。目的是用于环境空气质量指数日报、实时报和预报的发布，用于向公众提供健康指引。

环境空气的采样有以下几种布点方法：

（1）功能区布点法。一个城市或一个区域可以按其功能分为工业区、居民区、交通稠密区、商业繁华区、文化区、清洁区、对照区等。各功能区的采样点数目的设置不要求平均，通常在污染集中的工业区、人口密集的居民区、交通稠密区应多设采样点，同时应在对照区或清洁区设置 1~2 个对照点。

（2）几何图形布点法。目前常用以下几种布设方法：

网格布点法：这种布点法是将监测区域地面划分成若干均匀网状方格，采样点设在两条直线的交点处或方格中心。每个方格为正方形，可从地图上均匀描绘，方格实地面积视所测区域大小、污染源强度、人口分布、监测目的和监测力量而定，一般是 1~9km² 布一个点。若主导风向明确，下风向设点应多一些，一般约占采样点总数的 60%。这种布点方法适用于有多个污染源，且污染源分布比较均匀的情况。见图 44-1。

同心圆布点法：此种布点方法主要用于多个污染源构成的污染群，或污染集中的地区。布点是以污染源为中心画出同心圆，半径视具体情况而定，再从同心圆画 45° 夹角的射线若干，射线与同心圆圆周的交点即是采样点。见图 44-2。

扇形布点法：此种方法适用于主导风向明显的地区，或孤立的高架点源。以点源为顶点，主导风向为轴线，在下风向地面上划出一个扇形区域作为布点范围。扇形角度一般为 45°~90°。采样点设在距点源不同距离的若干弧线上，相邻两点与顶点连线的夹角一般取 10°~20°。见图 44-3。

以上几种采样布点方法，可以单独使用，也可以综合使用，目的就是要求有代表性地反映污染物浓度，为大气监测提供可靠的样品。

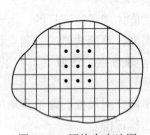 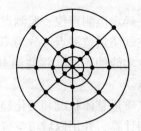 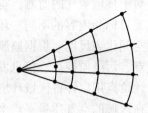

图 44-1　网格布点法图　　　图 44-2　同心圆布点法图　　　图 44-3　扇形布点法

一、实验目的

（1）了解《环境空气质量指数（AQI）技术规定（试行）》（HJ 633—2012）和《环境空气质量监测点位布设技术规范（试行）》（HJ 664—2013）的相关要求，了解环境空气布点的基本原则，学习环境空气监测方案制定方法。

（2）根据校园空气中细颗粒物、可吸入颗粒物、二氧化硫、二氧化氮、臭氧、一氧化碳的浓度，计算校园空气质量指数（AQI），描述和评价校园空气质量状况。

（3）对校园空气中细颗粒物、可吸入颗粒物、二氧化硫、二氧化氮、臭氧、一氧化碳的来源进行分析，为校园大气环境污染治理提供依据。

（4）培养学生的实践操作技能、团结协作精神以及分析和解决问题的能力。

二、实验原理

在校园内进行采样布点，测定校园空气细颗粒物、可吸入颗粒物、二氧化硫、二氧化氮、臭氧、一氧化碳等各项污染物浓度，根据各污染物的测定结果，将不同的目标浓度限值折算成空气质量分指数 AQI，对校园空气状况进行评价。

三、实验内容

1. 基础资料的收集

确定采样点布设之前，应进行详细的调查研究，其内容包括：

（1）对校园大气污染源进行调查，初步分析出各块地域的污染源排放口的数量、方位、主要污染物的排放量、排放方式等概况；

（2）了解校园所属地区常年主导风向、风速、气温、气压、降水量、相对湿度等气象资料，大致估计出污染物的可能扩散概况；

（3）了解校园在整个城市中的位置以及区域划分情况，即"居住区"、"教学区"、"实验楼"的划分和绿化情况；

（4）利用已有的监测资料推断分析应设点的数量和方位。

2. 监测点位的确定

根据下列原则布设采样点：

（1）监测点周围 50m 范围内不能有污染源。监测点周围应有合适的车辆通道，监测点周围环境状况相对稳定，安全和防火措施有保障。

（2）点式监测仪器采样口周围，监测光束附近或开放光程监测仪器发射光源到监测光束接收端之间，不能有阻碍环境空气流通的高大建筑物、树木或其他障碍物。从采样口或监测光束到附近最高障碍物之间的水平距离，应为该障碍物与采样口或监测光束高度差的两倍以上，或从采样口至障碍物顶部与地平线夹角应小于 30°。

（3）采样口周围水平面应保证 270° 以上的捕集空间，如果采样口一边靠近建筑物，采样口周围水平面应有 180° 以上的自由空间。

（4）对于手工间歇采样，其采样口离地面的高度应为 1.5~15m；对于自动监测采样，其采样口或监测光束离地面的高度应为 3~15m；对于道路交通的污染点，其采样口离地面的高度应为 2~5m。

（5）在建筑物上安装采样仪器时，监测仪器的采样口离建筑物墙壁、屋顶等支撑物表面的距离应大于 1m。

（6）当监测点需设置多个采样口时，为防止其他采样口干扰颗粒物样品的采样，颗粒物采样口与其他采样口之间的直线距离应大于 1m。若使用大流量总悬浮颗粒物采样装置进行并行监测，其采样口与颗粒物采样口的直线距离应大于 2m。

详细要求参见《环境空气质量监测点位布设技术规范（试行）》（HJ 664—2013），画出监测布点图。

3. 监测项目确定

根据《环境空气质量指数（AQI）技术规定（试行）》（HJ 633—2012）的要求，确定监测项目为：细颗粒物、可吸入颗粒物、二氧化硫、二氧化氮、臭氧、一氧化碳。

4. 采样频率和时间确定

根据《环境空气质量标准》（GB 3095—2012）中各项污染物数据统计的有效性规定，按照表 44-1 污染物浓度数据有效性的最低要求，确定相应污染物采样频次及采样时间。

表 44-1 污染物浓度数据有效性的最低要求

污染物项目	平均时间	数据有效性规定
二氧化硫（SO_2）、二氧化氮（NO_2）、颗粒物（粒径小于等于 $10\mu m$）、颗粒物（粒径小于等于 $2.5\mu m$）、氮氧化物（NO_x）	24h	每日至少有 20h 平均浓度值或采样时间
臭氧（O_3）	8h	每 8h 至少有 6h 平均浓度值
二氧化硫（SO_2）、二氧化氮（NO_2）、一氧化碳（CO）、臭氧（O_3）、氮氧化物（NO_x）	1h	每小时至少有 45min 的采样时间

5. 分析方法确定

根据《环境空气质量标准》（GB 3095—2012）的要求选择表 44-2 中相应的分析方法。

表 44-2 国家标准规定的分析方法

序号	污染物项目	分析方法	标准编号
1	二氧化硫（SO_2）	空气质量 二氧化硫的测定 甲醛吸收-副玫瑰苯胺分光光度法	HJ 482
		空气质量 二氧化硫的测定 四氯汞盐-盐酸副玫瑰苯胺比色法	HJ 483
2	二氧化氮（NO_2）	环境空气-氮氧化物（一氧化氮和二氧化氮）的测定-盐酸萘乙二胺分光光度法	HJ 479
3	一氧化碳（CO）	空气质量—一氧化碳的测定-非分散红外法	GB 9801
4	臭氧（O_3）	环境空气-臭氧的测定-靛蓝二磺酸钠分光光度法	HJ 504
		环境空气-臭氧的测定-紫外光度法	HJ 590
5	颗粒物（粒径小于等于 $10\mu m$）	环境空气-PM10 和 PM2.5 的测定-重量法	HJ 618
6	颗粒物（粒径小于等于 $2.5\mu m$）	环境空气-PM10 和 PM2.5 的测定-重量法	HJ 618

6. 监测方案的实施

班级同学分成几个小组并有明确分工，指定总负责人和小组项目负责人。内容包括：负责各监测点上样品的采样及分析；大气采样前试剂、试液的准备、配制，并对采样仪器进行调试，检查采样仪器及采样点电源配备情况；样品的运输、保存、记录；数据处理和分析，监测报告编写。

7. 监测结果汇总

采样布设情况汇总于表 44-3。采样方法以及采样仪器等参数汇总情况见表 44-4。测定结果汇总于表 44-5。

表 44-3　采样布点情况汇总

序号	监测点	监测项目	采样日期	采样时间	气象描述

表 44-4　采样方法及采样仪器等参数汇总

监测项目	监测方法	采样仪器	试剂	样品保存

表 44-5(a)　二氧化硫二氧化氮和一氧化碳监测结果汇总

序号	监测点名称	样品数	检出率/%	24h 平均		1h 平均	
				浓度范围/($\mu g/m^3$)	超标率/%	浓度范围/($\mu g/m^3$)	超标率/%

表 44-5(b)　臭氧监测结果汇总

序号	监测点名称	样品数	检出率/%	1h 平均		8h 滑动平均	
				浓度范围/($\mu g/m^3$)	超标率/%	浓度范围/($\mu g/m^3$)	超标率/%

表 44-5(c)　颗粒物 24h 平均监测结果汇总

序号	监测点名称	样品数	检出率/%	粒径小于等于 10μm		粒径小于等于 2.5μm	
				浓度范围/($\mu g/m^3$)	超标率/%	浓度范围/($\mu g/m^3$)	超标率/%

8. 校园空气质量评价

根据《环境空气质量指数(AQI)技术规定(试行)》(HJ 633—2012)规定：AQI 指数也只表征污染程度，并非具体污染物的浓度值。由于 AQI 评价的 6 种污染物浓度限值各有不同，在评价时各污染物都会根据不同的目标浓度限值折算成空气质量分指数 AQI。

AQI 范围从 0 到 500，大于 100 的污染物为超标污染物。例如 PM2.5 日均浓度 35$\mu g/m^3$ 对应的分指数为 50，75$\mu g/m^3$(就是通常所说的限值)折算为分指数是 100，而 500$\mu g/m^3$ 对应的 IAQI 值是 500。

空气质量指数级别根据表 44-6 来划分。

对照 AQI 分级标准，确定空气质量级别、类别及表示颜色、健康影响与建议采取的措施。简言之，AQI 就是各项污染物的空气质量分指数(IAQI)中的最大值，当 AQI 大于 50 时对应的污染物即为首要污染物。IAQI 大于 100 的污染物为超标污染物。

表 44-6　空气质量指数及相关信息

空气质量指数	空气质量指数级别	空气质量指数类别及表示颜色		对健康影响情况	建议采取的措施
0~50	一级	优	绿色	空气质量令人满意，基本无空气污染	各类人群可正常活动
51~100	二级	良	黄色	此时空气质量可接受，但某些污染物可能对极少数异常敏感人群健康有较弱影响	极少数异常敏感人群应减少户外活动
101~150	三级	轻度污染	橙色	易感人群症状有轻度加剧，健康人群出现刺激症状	儿童、老年人及心脏病、呼吸系统疾病患者应减少长时间、高强度的户外锻炼
151~200	四级	中度污染	红色	进一步加剧易感人群症状，可能对健康人群心脏、呼吸系统有影响	疾病患者避免长时间、高强度的户外锻炼，一般人群适量减少户外运动
201~300	五级	重度污染	紫色	心脏病和肺病患者症状显著加剧，运动耐受力降低，健康人群普遍出现症状	儿童、老年人和心脏病、肺病患者应停留在室内，停止户外运动，一般人群减少户外运动
>300	六级	严重污染	褐红色	健康人群运动耐受力降低，有明显强烈症状，提前出现某些疾病	儿童、老年人和病人应当留在室内，避免体力消耗，一般人群应避免户外活动

（1）空气质量分指数计算

对照各项污染物的分级浓度限值（AQI）的浓度限值参照（表 44-7），以细颗粒物（PM2.5）、可吸入颗粒物（PM10）、二氧化硫（SO_2）、二氧化氮（NO_2）、臭氧（O_3）、一氧化碳（CO）等各项污染物的实测浓度值（其中 PM2.5、PM10 为 24h：平均浓度）分别计算得出空气质量分指数（Individual Air Quality Index，简称 IAQI）：

$$IAQI_P = \frac{IAQI_{Hi} - IAQI_{Lo}}{BP_{Hi} - BP_{Lo}}(C_P - BP_{Lo}) + IAQI_{Lo}$$

式中　$IAQI_P$——污染物项目 P 的空气质量分指数；

　　　C_P——污染物项目 P 的质量浓度值；

　　　BP_{Hi}——表 44-6 中与 C_P 相近的污染物浓度限值的高位值；

　　　BP_{Lo}——表 44-6 中与 C_P 相近的污染物浓度限值的低位值；

　　　$IAQI_{Hi}$——表 44-6 中与 BP_{Hi} 对应的空气质量分指数；

　　　$IAQI_{Lo}$——表 44-6 中与 BP_{Lo} 对应的空气质量分指数。

（2）空气质量指数及首要污染物的确定

空气质量指数计算

$$AQI = \max\{IAQI_1, IAQI_2, IAQI_3, \cdots, IAQI_n\}$$

式中　$IAQI$——空气质量分指数；

　　　n——污染物项目。

表 44-7 空气质量分指数及对应的污染物项目浓度限值

空气质量分指数(IAQI)	二氧化硫(SO₂) 24h平均/(μg/m³)	二氧化硫(SO₂) 1h平均/(μg/m³)①	二氧化氮(NO₂) 24h平均/(μg/m³)	二氧化氮(NO₂) 1h平均/(μg/m³)①	颗粒物(粒径小于等于10μm) 24h平均/(μg/m³)	一氧化碳(CO) 24h平均/(mg/m³)	一氧化碳(CO) 1h平均/(mg/m³)①	臭氧(O₃) 1h平均/(μg/m³)	臭氧(O₃) 8h滑动平均/(μg/m³)	颗粒物(粒径小于等于2.5μm) 24h平均/(μg/m³)
0	0	0	0	0	0	0	0	0	0	0
50	50	150	40	100	50	2	5	160	100	35
100	150	500	80	200	150	4	10	200	160	75
150	475	650	180	700	250	14	35	300	215	115
200	800	800	280	1200	350	24	60	400	265	150
300	1600	②	565	2340	420	36	90	800	800	250
400	2100		750	3090	500	48	120	1000	③	350
500	2620	②	940	3840	600	60	150	1200	③	500

注：① 二氧化硫(SO₂)、二氧化氮(NO₂)和一氧化碳(CO)的 1h 平均浓度限值仅使用于实时报，在日报中需使用相应污染物的 24h 平均浓度限值。

② 二氧化硫(SO₂)1h 平均浓度值高于 800μg/m³ 的，不再进行其空气质量分指数计算，二氧化硫(SO₂)空气质量分指数按 24h 平均浓度计算的分指数报告。

③ 臭氧(O₃)8h 平均浓度值高于 800μg/m³ 的，不再进行其空气质量分指数计算，臭氧(O₃)空气质量分指数按 1h 平均浓度计算的分指数报告。

从各项污染物的 IAQI 中选择最大值确定为 AQI，当 AQI 大于 50 时将 IAQI 最大的污染物确定为首要污染物。

（3）空气质量指数及首要污染物评价结果

根据空气质量指数确定空气质量指数级别，确定首要污染物，分析校园环境空气质量存在的问题，提出合理化改善措施。校园空气质量最终结果填入表 44-8。

表 44-8 校园空气质量最终结果

监测区域	空气质量指数	空气质量指数级别	首要污染物

四、监测报告的编写

监测报告要包括以下几个部分：

（1）采样点是如何选择的，以及采样点选择的依据。

（2）采样项目确定以及依据。

（3）采样过程中应注意哪些？样品如何保存？如何对大气采样器进行校准？

（4）使用的分析方法以及选择依据。

（5）空气质量分指数如何计算？空气质量指数及首要污染物如何确定？

（6）所有实验原始数据，包括溶液的配制以及标准溶液的标定或标准曲线绘制等。

（7）空气质量指数及首要污染物评价结果以及相关依据。

实验 45 校园湖水质量监测与评价

地表水监测是监视和测定水体中污染物的种类、各类污染物的浓度及变化趋势，评价水质状况的过程。地表水包括江河、湖水、海水等，对地表水进行经常性监测，目的是准确、及时、全面地掌握水体质量状况及其变化趋势，为水资源管理，水污染防治和控制，水资源利用和规划提供基础数据和科学依据，本实验以校园湖水为对象，要求学生根据所学的地表水监测知识，按照《地表水和污水监测技术规范》(HJ/T 91—2002)和《地表水环境质量标准》(GB 3838—2002)中有关规定，制订湖水水质监测方案并实施监测，并对湖水水质进行评价。

一、实验目的

(1) 熟悉《地表水和污水监测技术》(HJ/T 91—2002) 和《地表水环境质量标准》(GB 3838—2002)，了解地表水监测的基本项目，掌握地表水水质监测方案的制定；

(2) 进一步掌握地表水水质监测的有关知识，深入了解水环境监测中各种环境污染因子的采样与分析方法，误差分析、数据处理等方法与技能；

(3) 根据所学知识，设计校园湖水水质监测方案，能够利用水质监测结果对水质进行评价；

(4) 培养学生的实践操作技能、团结协作精神以及分析和解决问题的能力。

二、实验原理

通过测定校园湖水的 COD、BOD、TN、TP 以及重金属等各项污染物浓度，结合地表水环境质量标准，对校园湖水水质状况进行评价。

三、实验内容

1. 基础资料的收集与采样点的确定

收集校园的水文、气候、地貌等资料，了解校园湖岸附近水域功能情况，实地考察校园湖水的分布与状况，确定采样点的位置。

采样点位布设时应考虑湖泊水体的水动力条件、湖库面积、湖盆形状、补给条件、污染物在水体中的循环和迁移转化、排污设施的位置和规模等因素。

采样断面按以下要求设置：

(1) 在湖泊主要出入口、中心区、滞流区等设置断面；

(2) 主要排污口汇入处，视其污染物扩散情况在下游设置 1~5 条断面或半断面；

(3) 校园湖泊通常无明显功能分区，可采用网格法均匀布设，网格大小依湖面积而定；

(4) 采样断面应与断面附近水流方向垂直。

许多校园湖泊具有复杂的岸线，或由几个不同的水面组成，由于形态的不规则可能出现水质特性在水平方向上的明显差异。为了评价水质的不均匀性，需要布设若干个采样点，并对其进行初步调查。所搜集到的数据可以使所需要的采样点有效地确定下来。湖库的水质特性在水平方向未呈现明显差异时，允许只在水的最深位置以上布设一个采样点。采样点的标志要明显，采样标志可采用浮标法、六分仪法、岸标法或无线电导航定位等来确定。

由于分层现象，湖泊的水质沿水深方向可能出现很大的不均匀性，其原因来自水面（透光带内光合作用和水温的变化引起的水质变化）和沉积物（沉积层中物质的溶解）的影响。此外，悬浮物的沉降也可能造成水质垂直方向的不均匀性。在斜温层也常常观察到水质有很大差异。基于上述情况，在非均匀水体采样时，要把采样点深度间的距离尽可能缩短。

2. 水样的采集

水样的采集和保存是水质分析的重要环节之一。欲获得准确可靠的水质分析数据，水样采集和保存必须规范、统一，并要求各个环节都不能有疏漏，使采集的水样必须有足够的代表性，并且不能受到任何意外污染。

采样时不可搅动水底部的沉积物，保证采样点的位置准确。必要时使用 GPS 定位。认真填写采样记录表，字迹应端正清晰。保证采样按时、准确、安全。

测定油类的水样，应在水面至水面下 30cm 采集柱状水样，并单独采样，全部用于测定。采集油类时，采样瓶不能用采集的水样冲洗。

测溶解氧、生化需氧量和有机污染物等项目时的水样，必须注满容器，不留空间，并用水封口。

如果水样中含沉降性固体，如泥砂等，应分离除去。分离方法为：将所采水样摇匀后倒入筒型玻璃容器，静置 30min，将已不含沉降性固体但含有悬浮性固体的水样移入盛样容器并加入保存剂。测定总悬浮物和油类的水样除外。

测定湖水 COD、高锰酸盐指数、叶绿素 a、总氮、总磷时的水样，静置 30min 后，用吸管一次或几次移取水样，吸管进水尖嘴应插至水样表层 50mm 以下位置，再加保存剂保存。

测定油类、BOD_5、溶解氧、硫化物、余氯、粪大肠菌群、悬浮物、放射性等项目要单独采样。

3. 水样的保存

在大多数情况下，从采集样品后到运输到实验室期间，在 1~5℃冷藏并暗处保存，对保存样品就足够了。冷藏并不适用长期保存，对废水的保存时间更短。

-20℃的冷冻温度一般能延长贮存期。分析挥发性物质不适用冷冻程序。如果样品包含细胞、细菌或微藻类，在冷冻过程中，会破裂、损失细胞组分，同样不适用冷冻。冷冻需要掌握冷冻和融化技术，以使样品在融化时能迅速地、均匀地恢复其原始状态，用干冰快速冷冻是令人满意的方法。一般选用塑料容器，强烈推荐聚氯乙烯或聚乙烯等塑料容器。

4. 采样时间和采样频率的确定

根据学生时间进行安排，一般每 2~3 天采样 1 次，总采样次数不少于 3 次。

5. 监测项目

湖泊水库的必测项目有：水温、pH 值、溶解氧、高锰酸盐指数、化学需氧量、BOD_5、氨氮、总磷、总氮、铜、锌、氟化物、硒、砷、汞、镉、铬（六价）、铅、氰化物、挥发酚、石油类、阴离子表面活性剂、硫化物和粪大肠菌群。选测项目有：总有机碳、甲基汞、硝酸盐、亚硝酸盐等。学生可根据实验室具体条件以及分组情况进行监测项目的选择。

6. 分析方法的选择

选择分析方法时，首先选用国家标准分析方法，统一分析方法或行业标准方法。当实验室不具备使用标准分析方法时，也可采用原国家环境保护局监督管理司环监〔1994〕017 号文和环监〔1995〕号文公布的方法体系。如果在某些项目的监测中，尚无"标准"和"统一"分析方法时，可采用 ISO、美国 EPA 和日本 JIS 方法体系等其他等效分析方法，但应经过验证合格，其检出限、准确度和精密度应能达到质控要求。

四、湖水水质监测相关数据记录

采样结果汇总于表45-1。监测项目原始记录填入表45-2。水质监测结果汇总于表45-3。

表45-1　采样汇总表

项目	采样时间	采样地点	采样体积	保存剂及用量

表45-2(a)　监测项目原始记录表(滴定分析)

分析项目	标准溶液名称及浓度	滴定前体积	滴定后体积	消耗标准溶液体积	测定结果

表45-2(b)　监测项目原始记录表(比色分析)

分析项目	标准曲线 $y=ax+b$	水样吸光度 A	取样体积	测定结果

表45-3　水质监测结果汇总表

监测项目	监测结果	标准限值	监测结论	分析方法

五、监测报告的编写

监测报告要包括以下几个部分：

(1) 采样点是如何选择的，以及采样点选择的依据。

(2) 采样项目确定以及依据。

(3) 采集水样过程中应注意哪些？样品如何保存？

(4) 水样在测定之前，是否进行了预处理？预处理是如何进行的？

(5) 使用的分析方法以及选择依据。

(6) 所有实验原始数据，包括溶液的配制以及标准溶液的标定或标准曲线绘制等。

(7) 分析结果的最后判断以及相关依据。

实验 46　化学实验室内空气质量监测与评价

室内空气污染是指由于各种原因导致的室内空气中有害物质超标，进而影响人体健康的室内环境污染行为。有害物包括甲醛、苯、氨、放射性氡等。随着污染程度加剧，人体会产生亚健康反应甚至威胁到生命安全。是日益受到重视的人体危害之一。

室内空气污染的定义是：指在封闭空间内的空气中存在对人体健康有危害的物质，并且浓度已经超过国家标准达到可以伤害到人健康的程度，我们把此类现象总称为室内空气污染，并不主要指居室。

室内空气污染的来源主要有：化学建材和装饰材料中的油漆、胶合板、内墙涂料、刨花板中含有的挥发性有机物，如甲醛、苯、甲苯、三氯甲烷等有害物质；大理石、地砖、瓷砖中的放射性物质排放的氡气及其子体；烹饪、吸烟等室内燃烧所产生的油、烟污染物质；人群密集且通风不良的封闭室内高浓度的 CO_2；空气中的霉菌、真菌和病菌等。

室内空气应无毒、无害、无异常嗅味。室内空气质量标准参数包括物理性、化学性、生物性、放射性四大类共 19 个参数。各种污染物含量不应超过《室内空气质量标准》（GB/T 18883—2002）所规定的限值。

室内空气监测时要符合选点要求、采样时间和频率、采样方法和仪器等规定。同时要有室内空气中各种参数检验方法的质量保证措施，以保证测试结果和评价的科学性。

近年来，随着科学技术的发展和人民生活水平的提高，大量新型建筑和装修材料进入家庭，加之现代建筑物的密闭性，使得室内空气污染问题日益突出。为保障人民群众的身体健康，国家和有关部门出台了一系列规范及标准以保障人们居住环境的安全，如国家质检总局和建设部联合发布的《民用建筑工程室内环境污染控制规范》（GB 50325—2010），以及由国家质量监督检验检疫总局、卫生部、原国家环境保护总局联合颁布的《室内空气质量标准》（GB/T 18883—2002）。这些标准的实施使空气监测有法可依，对控制室内污染起到了很大的作用，但监测中存在的一些问题也应引起足够的重视。在实际分析之前，采样和样品处理方法决定着分析结果的质量，不合适或非专业的采样会使可靠正确的测定方法得出错误的结论。因此，选择和制定周密的样品处理程序和完成准确无误的操作是非常重要的。

化学实验室是化学、化工、材料以及生命科学、生物学、环境科学等专业师生进行教学和科研的重要场所，即使在未做实验时，人们通常可以闻到实验室的气味。这就是长期以来包括实验时释放的废气、备用药品试剂的挥发等得不到充分处理而造成的。它不仅造成实验室本身环境污染，还对实验楼的其他实验室、周围局部大气环境等造成污染，给师生的健康造成极大的危害。

实验室的空气污染物主要包括酸雾、丙酮、甲醛、苯系物和各种挥发性有机物等，主要来源于药品、试剂和样品的挥发，实验过程中的中间产物，标气和载气的泄漏，实验室耐酸碱柜释放的气体等。为保护操作人员及周围人员的健康，保护周围环境，需要了解实验室空气中污染物的种类和浓度，为加强实验室管理提供准确的环境监测数据。

本实验以某化学实验室内空气为对象，要求学生根据所学的知识，自己制定室内环境监测方案并实施监测，测定出室内空气中氨、甲醛、苯系物和总挥发性有机物（TVOC）的含量，并评价室内空气污染水平。

一、实验目的

（1）通过对室内空气中甲醛、苯系物、氨和总挥发性有机物（TVOC）的监测，了解室内空气质量的检测方法，并判断空气质量是否符合室内空气质量标准，提高环保意识。

（2）对室内空气中甲醛、苯系物、氨和总挥发性有机物（TVOC）的污染来源进行分析，为改善和治理室内环境质量提供依据。

（3）培养学生团结协作精神及分析与解决问题的综合能力。

二、实验原理

根据《室内环境空气质量监测技术规范》(HJ/T 167—2004)和《室内空气质量标准》(GB/T 18883—2002)中的规定,按照室内空气采样布设原则,选择某化学实验室内进行布点采样,确定采样频率及采样时间,进一步巩固室内空气中氨、甲醛、苯系物和总挥发性有机物(TVOC)的采样和监测方法。

三、实验内容

1. 制定室内环境监测方案

室内环境监测方案是实施监测的依据,应结合实验室内情况,根据《室内环境空气质量监测技术规范》(HJ/T 167—2004)和《室内空气质量标准》(GB/T 18883—2002)进行监测方案的制定。其主要内容包括以下几个方面:

(1)设置采样点。

(2)确定监测因子,即甲醛、氨、苯系物和总挥发性有机物(TVOC),也可根据现场情况增加一种或多种有代表性有机物进行监测,如选择丙酮或其他有机物。

(3)确定监测频率及时段。

(4)确定分析方法:根据《室内环境空气质量监测技术规范》(HJ/T 167—2004)和《室内空气质量标准》(GB/T 18883—2002)确定监测因子物的分析方法。

2. 采样点的设置

《室内环境质量标准》明确规定了监测与评价的采样要求。采样点的数量根据室内面积大小和现场情况而确定,一般 50m² 以下的房间设 1~3 个点,50~100m² 的房间设 3~5 个点,100m² 以上的房间至少设 5 个点,采用对角线或梅花式布点;采样时应避开通风道和通风口,离墙壁距离应大于 1m;采样点离地面高度 0.8~1.5m。当房间内有 2 个及以上监测点时,应取各点检测结果的平均值作为该房间的检测值。

3. 采样时间的确定

评价居室时应在人们正常活动情况下采样,至少监测一天,一天两次,不开门窗。评价办公建筑物时应选择在无人活动情况下采样,至少监测一天,一天两次,不开门窗。

采样时间指每次采样从开始到结束的时间;采样频次指一个时间段内的采样次数。

监测年平均浓度,至少采样 3 个月;监测日平均浓度,至少采样 18h;监测 8h 平均浓度,至少采样 6h;监测 1h 平均浓度,至少采样 45min。

长期累积浓度的测定,采样需 24h 以上,甚至连续几天进行累积采样,多用于对人体健康影响的研究。

短期浓度的监测采样时间为几分钟至 1h,可反映瞬时浓度的变化及每日各时点的变化,主要用于公共场所及室内污染的研究。

4. 分析方法的确定

选择分析方法时,优先选择国家标准分析方法,对于尚未公布标准分析方法的目标物,可选择相关文献报道的分析方法,但需要进行方法验证。室内空气中各种参数的分析方法见表 46-1(选自 GB/T 18883—2002)。

表 46-1　室内空气中各种参数的分析方法

序号	污染物	检验方法	来源
1	二氧化硫 SO_2	甲醛溶液吸收-盐酸副玫瑰苯胺分光光度法	GB/T 16128　GB/T 15262
2	二氧化氮 NO_2	改进的 Saltzman 法	GB 12372　GB/T 15435
3	一氧化碳 CO	(1) 非分散红外法 (2) 不分光红外线气体分析法 气相色谱法 汞置换法	(1) GB/T 9801 (2) GB/T 18204.23
4	二氧化碳 CO_2	(1) 不分光红外线气体分析法 (2) 气相色谱法 (3) 容量滴定法	GB/T 18204.24
5	氨 NH_3	(1) 靛酚蓝分光光度法 纳氏试剂分光光度法 (2) 离子选择电极法 (3) 次氯酸钠-水杨酸分光光度法	(1) GB/T 18204.25 GB/T 14668 (2) GB/T 14669 (3) GB/T 14679
6	臭氧 O_3	(1) 紫外光度法 (2) 靛蓝二磺酸钠分光光度法	(1) GB/T 15438 (2) GB/T 18204.27 GB/T 15437
7	甲醛 HCHO	(1) AHMT 分光光度法 (2) 酚试剂分光光度法气相色谱法 (3) 乙酰丙酮分光光度法	(1) GB/T 16129 (2) GB/T 18204.26 (3) GB/T 15516
8	苯 C_6H_6	气相色谱法	(1) GB/T 18883 附录 B (2) GB 11737
9	甲苯 C_7H_8 二甲苯 C_8H_{10}	气相色谱法	(1) GB 11737 (2) GB 14677
10	苯并[a]芘 B(a)P	高效液相色谱法	GB/T 15439
11	可吸入颗粒物 PM10	撞击式-称重法	GB/T 17905
12	总挥发性有机化合物 TVOC	气相色谱法	GB/T 18883 附录 C
13	菌落总数	撞击法	GB/T 18883 附录 D
14	温度	(1) 玻璃液体温度计法 (2) 数显式温度计法	GB/T 18204.13
15	相对湿度	(1) 通风干湿表法 (2) 氯化锂湿度计法 (3) 电容式数字湿度计法	GB/T 18204.14
16	空气流速	(1) 热球式电风速计法 (2) 数字式风速表法	GB/T 18204.15
17	新风量	示踪气体法	GB/T 18204.18
18	氡^{222}Rn	(1) 空气中氡浓度的闪烁瓶测量方法 (2) 径迹蚀刻法 (3) 双滤膜法 (4) 活性炭盒法	(1) GB/T 14582 (2) GB/T 16147 (3) GB/T 14582 (4) GB/T 14582

5. 室内环境监测方案的实施

　　根据所制定的室内环境监测方案，由班委负责，将全班同学分成几组并有明确的分工（指定项目总负责人和小组负责人）。内容包括：负责各监测点上样品的采样及分析；室内空气采样前，试剂、试液的准备、配制，并对采样仪器进行调试，检查采样器及采样点电源

181

配备等情况；样品的运输、保存、记录；数据处理和分析；监测报告的编写。

四、室内采样监测相关数据记录

室内简况填入表 46-2。监测样本房间情况填入表 46-3。监测项目、方法、仪器填入表 46-4(a)。监测结果汇总填入表 46-4(b)。

表 46-2　楼层室内简况一览表

房间类别	地面	墙面	顶面	室内布置情况

表 46-3　监测样本房间一览表

监测地点/房间类别	采样日期	室内温度(℃)/相对湿度(%)	房间面积/m²	采样点数

表 46-4(a)　监测项目、方法、仪器一览表

监测项目	采样方法	采样流量/(L/min)	采样时间/min	监测方法	仪器

表 46-4(b)　监测结果汇总

序号	监测地点	室温/湿度	甲醛	苯系物	TVOC	氨

五、室内环境监测报告的编写

负责编写监测报告的同学，在监测任务完成后，向各小组收集监测数据资料，按照监测报告的规范格式撰写室内环境监测报告，以便讨论和存档。

六、室内环境质量评价

班委组织召开班会。全班同学在一起对室内环境监测结果进行讨论，并对室内空气质量进行简单评价，要求学生积极发言，发表自己的观点及意见。

1. 讨论的内容及方式

(1) 由每一个监测点的采样负责人介绍本采样点情况；监测过程中出现哪些异常问题，对本小组所得监测结果进行总结，得出本采样点各监测指标的污染水平。

(2) 由项目总负责人汇总各小组的监测成果，撰写报告向全班同学汇报。

2. 对室内空气质量状况进行评价

将室内空气质量检测结果与《室内空气质量标准》(GB/T 18883—2002)中规定的监测污染物相应的标准值进行比较，描述和评价室内空气污染水平；分析室内空气污染物的来源，提出改善和实验室内环境质量的建议及措施。

参 考 文 献

[1] 中国环境保护总局，水和废水监测分析方法编委会编．水和废水分析方法（第四版）．北京：中国环境科学出版社，2002.

[2] 中国环境保护局，空气和废气监测分析方法编委会编．空气和废气监测分析方法（第四版增补版）．北京：中国环境科学出版社，2003.

[3] 许行义主编．气相色谱在环境监测中的应用[M]．北京：化学工业出版社，2012.

[4] 冯国刚，韩承辉主编．环境监测实验[M]．南京：南京大学出版社，2008.

[5] 陈玲，赵建夫主编．环境监测[M]．北京：化学工业出版社，2004.

[6] 严金龙，潘梅主编．环境监测实验与实训[M]．北京：化学工业出版社，2014.

[7] 岳梅主编，马明海、陈世勇副主编．环境监测实验[M]．合肥：合肥工业大学出版社，2012.

[8] 孙福生，张丽君等．环境监测实验[M]．北京：化学工业出版社，2007.

[9] 李新主编，赵芸平、石建屏副主编．室内环境与检测[M]．北京：化学工业出版社，2006.

[10] 邓晓燕，初永宝，赵玉美主编．环境监测实验[M]．北京：化学工业出版社，2015.

[11] 冯素珍，杜丹丹主编．环境监测实验[M]．郑州：黄河水利出版社，2013.

[12] 潘健民，成岳主编．环境监测实验[M]（英汉双语教材）．北京：化学工业出版社，2009.

[13] 贺小凤主编．室内环境检测实训指导[M]．北京：中国环境科学出版社，2010.

[14] 李静玲主编．室内环境监测与污染控制[M]．北京：北京大学出版社，2012.

[15] 吴卫平，刘辉主编．定量化学分析与仪器分析实验[M]．郑州：郑州大学出版社，2011.

[16] 黄进，黄正文，苏蓉，等．环境监测实验[M]．成都：四川大学出版社，2010.

[17] 王安，曹植菁，杨怀金编．环境监测实验指导[M]．成都：四川大学出版社，2016.

[18] 张君枝，王鹏，杨华，寇莹莹主编．环境监测实验[M]．北京：中国环境出版社，2016.

[19] 聂麦茜主编．环境监测与分析实践教程[M]．北京：化学工业出版社，2003.

[20] 冯玉红主编．现代仪器分析实用教程[M]．北京：北京大学出版社，2008.

[21] 李光浩主编．环境监测实验[M]．武汉：华中科技大学出版社，2010.

[22] 戴竹青主编．水分析化学实验（第二版）[M]．北京：中国石化出版社，2013.

[23] 李源，任风莲，周思荣．阳极溶出伏安法同时测定锌电解液中镉铜钴[J]．冶金分析．2011，31（10）：14~17.

[24] 印得澈，任伯帜，侯保林．阳极溶出伏安法在线测定有色金属矿区雨水径流中铅和镉[J]．湖南工程程学院学报，2012.22（2）：69~72.

[25] 蔡其洪，武园园，林江伟．荧光法快速测定邻苯二甲酸酯的总量[J]．应用化学，2015，32（1）：118~121.

[26] 戴秀丽，周怡．固相萃取—高效液相色谱法测定环境水体中甲萘威[J]．中国环境监测，2009，25（4）：32~34.

[27] 王盈．水中石油类和动植物油类测定标准的探讨[J]．环境监测管理与技术，2013，25（4）：61~63.

[28] 蔡小虎，蔡述伟，程青．红外分光光度法测定地下水中的石油类物质[J]．化学分析计量，2014，23（7）：14~16.

[29] 郭雅男，汪纂天，陈德．毛细管气相色谱法测定室内环境空气中 TVOC 浓度的研究[J]．环境工程，2005，23（3）：60~62.

[30] 杨丽莉，母应锋，姚诚，等．毛细管气相色谱法测定水中氯苯类化合物[J]．环境监测管理与技术，2007，19（2）：34~36.

[31] 张绪美，张景明，章勇．液相色谱法测定土壤中对羟基苯甲醛[J]．中国环境监测，2010，26（1）：29~30.

[32] 寿林飞，金铨，徐静高，等．甘蔗及土壤中敌草隆残留的分析方法[J]．浙江农业科学，2007，（1）：

82~83.

[33] 周永莉，王琳玲．土壤中氯苯类有机污染物的分析实验[J]．实验技术与管理，2010，27（11）：64~66.

[34] 程传政．敌草隆和伏草隆的高效液相色谱分析方法研究[J]．安徽科技学院学报，2014，28（3）：67~71.

[35] 罗瑞蜂，罗小玲，熊伟，等．微波消解–火焰原子吸收光谱法测定环境土壤中的总铬[J]．光谱实验室，2011，28（6）：2948~2951.

[36] 周世兴，徐彭浩．火焰原子吸收法测定空气与废气中的铅[J]．分析仪器，2002，（2）：33~34.